心理学入门

A GUIDE TO PSYCHOLOGY

如何读懂人心

（日）涉谷昌三 ◎ 著　张岚　王春梅 ◎ 译

辽宁科学技术出版社

·沈阳·

篇首语

"初次见面的时候想给对方留下好印象，但总是紧张……"

"怎么才能跟谁都处好关系呢？"

"想知道如何才能说服对方！"

"想让喜欢的人注意到我。"

"要是能了解那些性情独特的人就好了。"

我们经常可以在职场上或校园中听到这样的话。你是否也曾想过："要是能让眼前的人按自己的想法做事，该有多轻松啊！"

心理学，就是了解人的所思所想，然后使他人按照自己意愿行动的一门学问。

当代的价值观呈现出多样化的态势，其中不乏苦于不知如何进行交流和沟通的人。可是我们毕竟身处社会当中，总是要跟不同年代、不同境遇的人打交道，而且还要追求和谐共处。

与客户的关系、领导与部下的关系、朋友关系、恋人关系、配偶关系……在社会当中所有的情形下，都会成立人际关系。

如果我们有能力在这些环境中建立良好的人际关系，就不需要额外花费心思为之烦恼。

可是如果有这方面的烦恼，就必须了解一些处理人际关系的方法。只要你能掌握交谈中的主导权，事情就能像你希望的方向发展。是不是很有趣？

名垂千古的伟人，往往都是揣测人心的高手。

林肯、成吉思汗、丰臣秀吉……他们都曾巧妙地运用心理技巧让部下忠于自己。本书在各个章节中，会对这些人物和他们的故事略做讲解。

在想说服对方的时候或者想表达诚意的时候，如果觉得进展不顺利，可以让心理学的知识和技巧成为你的强心剂和指南针。

本书中介绍了一些能够立竿见影的心理学知识和技巧。

例如给人留下良好的第一印象的方法，提高说服力的讲话方法，让恋爱畅通无阻的关键，抓住强势对手注意力的方法等。希望这些知识和技巧能在各位读者的日常生活中和人生的关键时刻发挥作用。

书末附有心理测试，以便各位读者能更深入地了解自己，也了解他人。

其实，让他人按照自己的想法行动这件事情并不难。

只要做到，就能更加自信，也能受到更多的喜爱。

如果自己想做，那就挺胸抬头地去努力实现吧。

只有这样，你的似水流年才能熠熠生辉，欢乐无边。

希望本书可以助你一臂之力。

涉谷昌三

心理学入门
如何读懂人心

Contents
目录

第2章
与任何人建立
良好关系的心理学

第3章

有效说服
对方的心理学

第4章
让心仪的对象
注意到自己的心理学

第5章
攻克难缠
对手的心理学

附录
心理测试

第 **1** 章

初次见面就吸引
对方的心理学

吸引人的外表魅力

心理学的实验调查已经证明，人的外在魅力的确可以起到吸引别人的作用。让我们分别来看看仪态、服饰和体态等吧。

仪态

- 整洁的头发
- 洁白的牙齿
- 没有口臭
- 咳嗽的时候有所顾忌
- 注意自己的眼神
- 时尚的发型
- 良好的审美
- 良好的个人卫生

- 男女的意见基本相同
- 针对外表魅力，与这个人的身体特征相比，"展示魅力的气质"显得更加重要

眼镜

- 戴眼镜的人，比较容易给人留下知性、好学的印象
- 不会涉及对人品的评价

- 男女意见相同

口红

人们通常对涂口红的女性做出以下评价

- 沉着冷静
- 内省
- 诚实

胡须

人们通常对留胡须的人做出以下评价

- 男性魅力
- 成熟
- 仪表堂堂
- 有权威
- 有自信
- 勇敢
- 宽容

历史名人改变自己外表的方法

前任美国总统林肯，曾经收到过一封来自住在中西部的少女的信。信的大致内容如下：

"您的精彩演说给人们带来了感动。但是您尖刻的论调呈现出了一种过于强势的氛围。如果您能让氛围更柔和一些，可以让我们觉得正在跟自己的父亲交流，那一定会有更多的人支持您。如果您同意我的说法，或许可以尝试留一点儿胡子。"从那以后，才诞生了留着胡须的林肯。另外，苏联的斯大林身材矮小。据说他为了让自己看起来更加威严体面，在蓄须方面花了不少心思。留胡子、戴眼镜、变发型，这些都是可以立竿见影改变外观形象的手段。

服饰

服装，会给主人的整体印象带来非常大的影响。有这样一个实验，刻意设计了一个拨打完投币电话但却没把剩下的硬币带走的场景。然后让不知情的路人进入电话亭，看看他们会采取什么行为。通过这次实验，我们有了如下收获：

- 戴领带穿西装的男性，比邋遢的男性更愿意偿还硬币
- 女性也存在同样的倾向

另外，在斑马线旁等待信号灯的时候，如果一位打着领带、身着西装的男性闯红灯，会发生这样的情况：

- 与一位衣衫褴褛的男性闯红灯的情形相比，更多的人跟着风度翩翩的他闯了红灯

从这个例子当中可以看出，领带和西装可以给他人留下更可信、更威严的印象。为了抓住别人的眼球，赢得他人的信任，必须要根据实际需要穿着合适的服装。

体态

在一次研究当中，同时把下图这3种男性身材的轮廓和下面的注释拿给人看，然后让大家自由陈述各种身材的男性的特征。结果如下：

1
- 食量大
- 丑
- 喋喋不休
- 亲切
- 会照顾别人
- 温厚
- 性格好
- 依赖别人
- 有气度
- 热情

圆圆胖胖的男性

2
- 强壮
- 男子汉气概
- 健美
- 喜欢冒险
- 能量十足
- 年轻
- 强烈的竞争心理
- 喜爱运动
- 大胆

结实魁梧的男性

3
- 年轻
- 有野心
- 猜忌心强
- 艰苦奋斗
- 神经质
- 顽固
- 情绪复杂
- 悲观
- 安静
- 内敛

高高瘦瘦的男性

给人留下的印象会随着表情而变化

根据领导和部下的表情，人们能够刻画出不同的领导形象。在一个心理实验中，我们得出了以下结论。请按顺序阅读。

表情严肃的领导和面带微笑的部下，
这种情况下人们会认为领导

- 有支配欲
- 有恶意
- 有点儿小气
- 嘲讽

面带微笑　　　　表情严肃

领导面带微笑地看着眉头紧锁的部下，
这种情况下人们会认为领导

- 平和
- 友好
- 幸福

眉头紧锁　　　　面带微笑

表情严肃，不看面带微笑的部下的脸的领导，
这种情况下人们会认为领导

- 在生气
- 善妒
- 大失所望

面带微笑　　　　表情严肃

领导表情严肃地看着愁眉不展的部下，
这种情况下人们会认为领导

- 冷淡
- 独立
- 傲慢
- 冷静

愁眉不展　　　　表情严肃

这个结果显示，人们习惯根据某个人的表情和对方的表情来判断这个人的感情和人品。有个成语叫作"察言观色"，可以说明古人早就知道感情可以直接表现在面部表情上了。

脸上的哪一个部分最容易表现感情呢？

●只有愤怒会表现在整个脸上

你觉得最容易体现表情的地方，是面部的哪个部分呢？我们的面部，大致可以分成额头、眉毛、眼睛、脸颊、嘴巴这几个部分。还真的有人研究过哪个部分最容易反映出人的感情。

结果显示，根据眼睛判断"恐怖""悲伤"的正确率最高，达到了67%。根据嘴巴最容易判断"幸福"，正确率可以达到98%，如果与眼睛结合在一起，正确率甚至可以达到99%。

"惊讶"的正确率，在额头和眉毛的部分达到79%，眼睛的部分达到63%，脸颊和嘴巴为52%。但是"愤怒"这种感情，无论哪个部分的正确率都没有超过30%。由此可见，只有看到了整个面部，才能准确地分辨出"愤怒"的感情。

他人会在你跟别人聊天的时候悄悄地观察你、评价你，所以在很多部下面前说话的时候，需要加以注意。特别是在对部下进行认真指导的时候，恰当的表情不但不会引发反感，反而会有助于收获威望。但是同样，如果表情不恰当，很有可能导致你失去大家的信任。

容易看出惊讶

容易看出恐怖和悲伤

容易看出幸福

从手势中读出的真情实感

英国的动物行为学家德斯蒙德·莫里斯，把人在交谈和讲演的时候释放出的一系列手部动作叫作"接力棒信号"。接力棒信号可以分为15个种类，本书中仅介绍3个有代表性的信号。

空抓

- 摊开掌心，略微弯曲手指，好像在抓空气，被视为发言者为了"调动听众情绪，通过语言掌控场面，但是还没有达到理想状态"时的情绪高涨
- 属于发言者的两难境地

握拳

- 伪装的动作
- 试图让对方坚信自己强大的精神力量和果敢的判断力
- 属于发言者的唆使行为

在演讲的过程中握拳的行为，常见于雄辩的政治家。在纪录片中，我们可以看到许多政治家在公众面前演讲的时候，会时常握紧拳头。

竖手指

- 发言者希望听众认为自己是一个知性自信的人
- 这个手势确实可以提升说服力
- 可以体现发言者热衷于说服对方

假设有一个人，正在竭尽全力地试图说服你。这时候你可以冷静地观察一下他的手势，以此判断这个人的心理活动和真实意图。

领导的动作时刻受到大家的关注，可以通过巧妙的手势体现出自己的立场，赢得更多的信任，然后团结更多的人。

手势的感情表达可以成为你的武器

发言者的手势，其实可以向听众传递重要的信息。在一项实验中，让参与者对各种发言者的手势照片进行评价，结果显示手的状态会影响人们对发言者的印象。

1 半握拳向前探的手势，体现出活泼的性格，被视为有意行为。

2 手呈容器状，把玩身边物品的手势，被视为被动。

3

双手下垂，被视为柔弱、温
顺、内向。

4

双手向身体外侧展开，被视
为不成熟、不内敛，有冲动
行为的倾向。

尤其是在很多人面前讲话的时候，双手的动作特别重要。结合发言
的内容，或者配合当时的气氛，可以选择最合适的手势，这样能显
著提高讲话的信服力。

 可以有意识地区分
使用。

通过身体动作解读
对方负面情感的方法

为了了解他人的心情，除了注意倾听他人的话语以外，还需要敏锐地察觉到对方的情感变化。可是，有很多人会竭力避免让感情体现在表情上，这就让别人没那么容易察觉到感情的变化。

不过别忘了，可不是只有面部表情才能反映真实情感。我们可以从整个身体的动作来了解对方。特别是对于不良情绪，身体语言的反馈要比面部的表情来得更快。来看一看吧。

愤怒

- 生气的时候，头和脚的动作会变多，手的动作会变少
- 就算没有以上明显的变化，当对方慢慢靠近的时候，也会感觉对方出现愤怒的情绪

恐惧

- 面对心怀恐惧的对象时，人会不自觉地保持一定的距离，然后偶尔以胆怯的视线观察对方
- 倾向于从较远的位置仔细观察对方的样子

隐藏的敌意

- 讨厌的人开始发言时，隐藏的敌意会通过双臂交叉、触摸自己身体的某个部位的动作体现出来
- 当关注到自己身体的动作变多时，可视为存在隐藏的敌意

忧郁

- 有忧郁的情绪时，头部动作会变少
- 脚部动作会增加

压力

- 处于高压状态，开始谈论内心有所动摇的话题时，身体的动作会增加
- 其他手势也有所增加

哀伤

- 如果心怀哀伤，会以非常快速的步伐靠近对方
- 回避视线交流

给予对方好感的肢体语言

美国心理学家梅拉比安对身体姿势、所处位置、人的好感度和魅力度进行了研究，并证明了它们与亲密关系有关联性。总体来讲，可以体现以下这些倾向。

如果对方的地位更高

- 人们会倾向让自己的头部和身体更加朝向这个人物
- 特别是对于女性来说，与地位更高的人交谈时，不会交叉手或脚，而是保持规矩的姿势

在讨厌的人身边时

- 双臂在胸前交叉
- 身体向后退

在喜欢的人身边时

- 双手自然地在两侧下垂
- 手脚不交叉，处于放松的状态

给对方留下好印象的4种肢体语言

1　身体姿势处于开放的状态

2　前倾

3　放松

4　身体面向对方

了解对面的人的心理状态，就能随机应变了。

坐在显眼座位上的策略

以咖啡店为例，有些人每次来到咖啡店都会选择"能看到顾客进出，纵观整个店内情况"的位置。可以说，这样的行为模式体现出个人强烈的"支配欲"。

支配欲是领导风格的具体表现之一。领导风格的原则如下所示。

① 大家坐在方形桌子的两侧交谈时，坐在人数较少一侧的人更容易成为主导

有这样一个实验，让初次见面的5个人坐在桌子旁边交谈。如图，这5个人要分别落座在桌子两侧。讨论之后，让大家对"谁是讨论过程中的实质领袖"进行投票，结果发现坐在2个人一侧的人的获选率是坐在3个人一侧的获选率的2倍以上。

2 在圆桌讨论的时候，两边都有空位的人容易成为主导

在圆桌旁讨论的时候，每一位参与者都处于平等的地位，其实难以体现出实质上的领导。但是如果自己身边两侧的位置都是空位，则会被更多人视为领袖。

如果想要掌握交谈的主导权，建议您坐在桌旁人数少的一侧。而当大家一起坐在圆桌旁交谈的时候，可以在自己身边的椅子上摆放包、上衣等物品，创造空座，以此强调自己独特的存在感。

通过寒暄了解对方的深层心理

根据对方跟你寒暄的样子，可以看透他内心深处的状态。来观察一下初次见面的人吧。

与对方认真对视着寒暄的人

→　立场处于优势地位

如果被初次见面的人仔仔细细地盯着看，总会觉得有点慌乱、不知所措。其实，在寒暄的时候盯着对方看的人，知道这样会让对方心神不宁。因为只有让对方不安，才能让自己处于有利的位置。

分析显示，这个类型的人曾经是缺乏自信的人，但是现在却能根据以往的经验实现先发制人的目的。

与这样的人共事的关键，就是要保持沉着冷静，不慌不忙。如果不小心跟上了对方的节奏，可以起身去喝口水，调节一下双方的气场。

礼数周全的人

→ **希望与对方愉快共事**

向对方鞠躬，代表着"我对你心存敬意，没有丝毫反抗的想法"。

深鞠躬的人，是真的相当尊敬对方、重视对方的人。

也就是说，由衷希望与对方合作愉快。

初次见面就亲昵地进行身体接触的人

→ **走自己的路，不顾及他人眼光的风格**

有一种人，在与他人初次见面的时候就能面带笑容地说"见到你真的太开心了"，然后轻拍对方肩膀，紧紧握住对方的手。这样的人，总是充满自信。如果自信的背后有强大的实力做支撑固然好，但其中不乏空有自信的人。这样的人总是像孩子那样心无杂念，总是在大家身边转来转去。

与这样的人相处，可能和谐，也可能不快。为了避免你自己感到不愉快，可以尽量发掘对方的优点，让其从事真正擅长的事情。

从握手可以看出对方的深层心理

从握手时的样子，也能看出深层心理。了解握手的类型，来判断对方是什么性格。

用力握手的人

→ 表达"想跟这个人一起做点什么"的好感

→ 如果力量特别大，则包含"我不会输给你"的气势

- 强有力地握手，会使对方产生好感，使人感觉很热心
- 如果一边看着对方的眼睛，一边用力握手，则说明心里有"我不会输给你"的强大决心。当然，其中也不乏热情

握手不用力的人

→ 并不想与人深入交往的人

- 与人交往时会保持一定距离
- 工作的时候，也不会与人产生密切的交流
- 从用力握手的人的视角来看，总觉得差点什么

掌心出汗的人

→ 怕生的人

- 看起来貌似能量十足，开朗健谈，实则意外地有怕生的心理，略社恐
- 表面看起来亲切和蔼，但做事谨小慎微，非常在意别人的评价
- 不擅长掌控人际关系当中的距离感，有时会偏激
- 初次见到陌生人，会特别紧张

从脸型就可以看出对方的性格

如果想进入对方的内心世界，首先要了解对方的特征。其实我们可以通过脸型来了解对方的性格特征。快来看看，周围的人都是哪种类型呢？

圆脸

- 开朗的社交型性格
- 被大家喜爱，多数从事销售、经营等需要与人密切接触的工作

鹅蛋脸

- 好奇心旺盛，深思熟虑
- 自我意志薄弱，有时容易受到身边人的影响

方脸

- 踏实努力
- 有自己的短板，但是胜在坚持，坚韧不拔
- 工作也好，与朋友相处也好，都会尽力而为

倒三角脸

- 头脑聪慧，感情丰富
- 常常从事运用头脑的技术工作或艺术工作
- 细腻，有过于在意他人的倾向

大脸

- 自我主张强烈
- 积极，希望确立个人形象
- 如果自身有一定实力，往往希望飞黄腾达

小脸

- 相对内向
- 喜欢读书和思考
- 有实力，但是缺乏自我宣传的能力，因此不引人注意

与他人建立亲密关系的关键，在于称赞对方的性格特征。

通过肢体语言了解对方的真实情感

有时候，我们可以通过肢体语言来了解对方正在想什么。懂得这个知识，有助于在交涉和说服的场景下立于不败之地。每一种姿势，都隐藏着对方的某种真实情感。让我们一个一个地看看吧。

脚

摇晃着跷二郎腿	高高的二郎腿

对异性施展性感诱惑	自我防卫的表现

双腿略分开坐，或随意跷起二郎腿	双腿紧闭侧倾
● 放松的状态 ● 希望对方也能放松	 紧张的状态

手臂

抱在胸前

自我防卫

紧紧攥住衣服

恐怕对方会伤害到自己的身体

摊开掌心与对方交谈

表达了开放的情绪

姿势

硬直的姿势（男性）直立状态

- 有闭塞感的状态
- 被不安所萦绕

低头一动不动

- 缩手缩脚的状态
- 在向对方寻求帮助的状态

把玩自己头发（女性）

- 对对方没有兴趣的表现

触碰嘴边或下巴

- 开始对自己的发言慎重了起来
- 探寻对方的态度

专栏

初次见面的时候，
故意留下一个与众不同的地方

在初次见面的时候，外表是对第一印象影响最大的因素。但如果能在哪里体现出一个微妙的与众不同的点，就可以更顺畅地推进人际关系。

有这样一个实验。有2个人正在喝咖啡，其中1位是看起来文质彬彬、事业有成的男士，另1位是普通女士。这时候，男士打翻了咖啡杯。这样一来，女士对男士的好感度竟然比打翻咖啡杯之前有所上升。

这是因为这位看起来有点"生人勿近"的成功人士，在"打翻咖啡杯"以后让旁人产生了亲切感。

由此可见，微小的失误可以拉近与他人的关系，实现更加亲密的效果。服饰也一样。如果服饰过于完美，恐怕会让人产生冰冷的印象。只要留下一个小小的瑕疵，就能扭转印象，变成"可以交谈的对象"。

在初次见面时寻找共同点

你在跟别人第一次见面的时候，会聊些什么呢？

人都喜欢跟拥有相同价值观的人交往。所以，工作也好，恋爱也罢，如果想建立亲密关系，首先要寻找与这个人的共同点。在彼此确认过价值观以后，再共同探索可以携手前行的领域。

这样的领域越多，2个人的关系越稳定。共同点越多，相互的伙伴意识就越强烈。这样一来，就算工作层面有意见相左的情况，也不会导致关系破裂。

因为有着彼此契合的部分，所以会心生"就算意见不一致，可以先听听他怎么说。理解一下，共同努力"的想法。

为了建立良好的人际关系，应该尽量避免对立的情形。或者说，应该努力营造出步调一致的感受，让对方认为"我不是你的敌人，我理解你的处境"。在这样的基础之上，就可以在出现对立面的时候通过沟通妥善解决。

世界第一的推销员是如何笼络人心的?

●根据顾客的身份选择着装

据说世界第一的汽车推销员约翰·杰拉尔顿在会见顾客的时候，总是身穿运动T恤。他的收入不菲，有多少价格高昂的西装都理所应当。

但是，他的顾客可不是有钱人。对于这些整日在工厂或公司拼命工作的人来说，身着高档西装的人只能是路人。

而在顾客想买车的时候，更容易接受懂得自己的人。也就是说，推销员应该是跟自己处于同等生活水平，了解自己经济状况的人。所以，约翰·杰拉尔顿以T恤的方式，表达着自己与顾客是同类人的信息。

他还有一个小技巧，就是在跟顾客约谈的房间里悬挂奖状和奖杯。这样做的目的是不声不响地告诉顾客自己是一个成绩斐然的推销员。这个小技巧，能给顾客留下"他是一位优秀推销员"的印象。

●小恩小惠多多益善

　　除此之外，通过小恩小惠的方法，也能快速地消除对方的戒备心。

　　例如，当一位来展厅看车的顾客想吸烟，开始摸口袋的时候，可以顺势观察烟的品牌。等顾客下次来的时候，主动递上同样牌子的香烟，并把一整盒都赠送给顾客。

　　还有，可以提前准备一些点心和小玩具，在顾客带孩子来的时候就能随机应变。这时，氛围一定会立即不同，顾客的戒备心也自然而然地放下了。现在很多地方都在应用这样的方法。

　　这些让他大获成功的细节，并非什么特别的事情。如果你也想实践，马上就可以着手进行。

让对方"还想再见面"的要点

初次见面，进展顺利，聊着聊着对对方产生了好感。这时候，应该怎样做才能让对方也期待下次见面呢?

分别前需要留意的事情

- 温度
- 温柔
- 开朗的神态，明媚的笑颜
- 稍微更频繁一点地四目相对

> 如果想与对方长期相处，在时间允许的条件下，可以四目相对的过程中，慢慢拉近双方的距离。

分别时、邀约下次见面时需要留意的事情

- 用笑容告别……分别时的印象，会一直留在对方的心中
- 准备点心等小礼物……礼物太贵重，容易被拒绝
- 分别以后，找理由让对方邀请自己……给对方一些主观能动性

> 交谈方法的例子
>
> - "来的路上，正巧看到店里在卖你喜欢吃的点心，就给你买了一些"
> - "上次见面真开心。在……又开了一家好玩的店"

离开时的笑颜和寒暄会留在对方的心里

我们对人的记忆和印象，往往只能留下最后的一个瞬间。就算过程中有很多很多的美好印象，最终也只能留下结尾的记忆。

相反，如果交谈的过程中进行得没那么顺利，还可以通过最后的好印象挽回一点点。所以，在告别的时候，要微笑着说再见。

可以一直等到对方走远，或者一边走一边回头跟对方招手示意，这些动作都能提高好感度。

向等待的对方表示体谅之心

● 无论对谁，都要让人感受到与众不同的话语

　　20世纪初的日本政治家原敬曾帮助过许多人，据说到他的官邸拜访的人总是络绎不绝。当然，来访的人是需要排队的。通常面对这种情况时，排在前面的人会担心"后面还有那么多人在等，我会被敷衍了事吧"，排在后面的人会失望地认为"都已经聊了这么久，一定连听我讲话的力气都没有了"。原先生察觉到一众访客的心理，然后用这样的语言来安抚大家。

　　首先，对先会面的人说，"我真是想先跟您好好聊聊呢"，然后对最后会面的人说"一直想跟您仔细交流一下"。

　　听到这样的寒暄，没有人不为之感动。等待时的疲劳和不安一扫而光，大家都能很快敞开心扉，畅所欲言。

　　这个小故事告诉我们，与等待的人换位思考，体谅对方的心情有多重要。原敬能用这样的语言照顾到每一位来访者，证明了他绝对没有忽视任何一位客人的到来。

斯坦福大学的精神医学家赛迪尼认为等待时的痛苦根源之一是"从众效果"。

　　一般来讲，处于被等待立场上的人，权力要高于等待的人。这就导致等待的人会产生一种强烈的屈辱感。

　　原敬通过"一直想跟您仔细交流一下"这样的语言，打消了身处被等待立场上的优越感，安抚了等待多时的访客的心情，体现了其内心深处的体谅和教养。

通过视线的移动
可以解读出的各种信息！

美国心理学家海斯通过各种实验，证明了"人在面对感兴趣的东西时，瞳孔会放大"的事实。这不就是我们常说的"眼睛是心灵的窗户"吗？

如果您是一位推销员，客人跟你讲"我不要这个东西"的时候，请留意观察他观看商品时的瞳孔变化。如果他的瞳孔变大了，反倒更应该仔细推销？

我们可以从视线的接触中，了解对方的人品。

依存性强烈的人

- 经常与你四目相对
- 看着店员的眼睛询问"这个真的是好东西吗？"，并期待得到"这一款，非常有人气呢"的答复

有支配欲的人

- 盯住对方看
- 把视线作为恐吓对方、征服对方的手段（但是，连续盯着对方看10秒以上，可能会引起对方的不快，请务必注意）

看着对方眼睛讲话的人

- 被视为"值得信赖、容易交谈"
- "四目相对"可以增进好感

了解你和他人性格的心理测试

从下面1~10题的A、B选项中，选择符合自己的项目。最后统计出A、B的个数，填写在合计里。

1
- ☐ A　喜欢一个人读书，看电视
- ☐ B　喜欢跟很多朋友一起玩儿

2
- ☐ A　单独学习或工作的效率更高
- ☐ B　跟朋友一起学习、一起工作的效率更高

3
- ☐ A　不擅长聊天
- ☐ B　喜欢聊天，有行动力

4
- ☐ A　不通融，但擅忍耐
- ☐ B　对什么事情都忽冷忽热

5
- ☐ A　认真思考以后，低调地采取行动
- ☐ B　总是自信满满地采取行动

6
- ☐ A　感受性强，容易掉眼泪
- ☐ B　开朗乐观，有幽默感

7
☐ A　不谈自己的事情
☐ B　轻松地畅聊自己的事情

8
☐ A　可以控制自己的感情
☐ B　直接表达自己的感情

9
☐ A　犹豫不决，优柔寡断
☐ B　杀伐果断

10
☐ A　不擅长巧妙地迎合周围人的行动和思维
☐ B　对周围人的言行很敏感，可以迎合别人的节奏

合计

A 的个数　　　　　　　个

B 的个数　　　　　　　个

结果　　A 的个数=内向型　　B 的个数=外向型
合计个数较多的一个，就是你的性格！

内向型、外向型的性格特征

人际关系

内向型

- 非社交型，容易躲回自己的壳里
- 不擅长在别人面前工作

外向型

- 擅长社交，交际范围广泛，喜欢关照别人
- 可以在外人在场的时候处理工作

行动力

内向型

- 沉默寡言，不通融，擅忍耐
- 性格内敛，多愁善感

外向型

- 行动力强，容易忽冷忽热
- 有自信

感情

内向型

- 感受性强，不暴露自己的内心
- 可以控制个人感情

外向型

- 开朗，不自卑，有幽默感
- 情感的表达很丰富

领导风格

内向型

- 经常犹豫不决，欠缺行动力
- 无法灵活地应对周围的变化

外向型

- 可以快速做决定，有统率力
- 对周围的变化充满兴趣，可以留意进行协调

第2章

与任何人建立
良好关系的心理学

不同座位上角色不同的领导类型

桌子的形状和落座的位置，将会让你更容易体现出的领导风格发生变化。如果你站在指挥的立场上，请一定要参考。

坐在长方形桌子正中间的人

如果桌子是长方形的，坐在短边中央的人和长边正中间的人将会扮演领导的角色，但是各自的领导风格迥异。

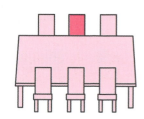

- 坐在短边中央的人，以解决议题为第一目的。他们往往极力推进讨论的进展，尽快理清解决问题的途径和方法，然后尽快得出结论

- 坐在长边正中间的领导，属于重视人际关系的类型。与解决问题的速度相比，首先会仔细聆听每一个人的想法，综合调整大家的意见以后决定推进方法

如果你是会议的领导，想早点得出结论的时候可以坐在短边中央，想让大家都畅所欲言的时候可以坐在长边的正中间。

坐在圆形桌子两侧的人

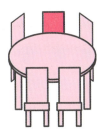

- 在圆形桌子旁边，留出等距间隔落座的领导，属于在明确的上下级关系和照顾大家情绪之间选择后者的类型
- 如果大家更多地集中在圆桌的一侧，那么坐在大家谦让出来的、人较少的一侧的人，自然而然就会成为这个情景下的领导

如果开圆桌会议的时候，讨论的进程没有达到理想的效果，选择坐在两侧是空位，可以看到大家面孔的地方。这样一来，大家的发言次数会自然而然地变多，有助于促进讨论进展。

推荐您根据议题的内容和该场景下的责任来选择座位。

了解你的领导能力类型的测试

有这样4位具有代表性的领导。你希望自己的领导拥有什么样的领导风格呢？请从以下描述中选择自己最理想的领导风格。通过你所选的理想的领导风格，可以了解你自己是什么风格的职场人士。

A 领导，以工作为重心，制定切合实际的计划，为实现目标对部下进行支持和激励，喜欢身先士卒采取行动，不是特别在意人际关系。

B 领导，以人际关系为中心，体现出对部下的体谅、支持部下立场的姿态，不是特别在意工作目标的达成。

C 领导，拥有两个侧面：其一以工作为重心，对部下进行支持和激励，自己以身作则；其二把人际关系视为重心，支持部下立场，推进工作时注重保持两个侧面的平衡。

D 领导，认为工作也好人际关系也好，都没必要体现出积极的态度和行动。看重部下们的自由发挥。

（摘自《工作的意义》，三隅二不二著）

解说

该内容引用于三隅二不二的作品《工作的意义》。

进行这个研究的时候，调查人员在全国范围内开展了调查，要求参与者按照个人的希望对4个选项排列优先顺序。结果如下：

A类型的选择率为14%。大多数选择这个选项的人属于热衷工作，希望成为有钱人的“热切派”类型。

B类型的选择率为30%。选择这个选项的人，属于志在休闲的“逍遥派”。

C类型的选择率为35%。选择这个选项的人，属于工作第一，但是也非常重视家人的“勤勉派”。

D类型的选择率为21%。选择这个选项的人，属于重视地区活动和志愿者活动的“工作差不多就行派”。

整体来讲，B类型和C类型的领导更加受到青睐。可以说，憧憬这两个类型领导的人们，很在意自己的生活和家人。但是，仍有14%的人憧憬以工作为重心的领导风格，这些人属于注意力完全集中在工作上的激进型风格，具有强烈的上进心。你是哪种类型呢?

你在房间里的哪个位置？

●人类的本能是守住角落

例如在咖啡店，很少有人会在店里面还有空位时故意选择人来人往的门口位置。或者在十几平方米的宽敞卧室里一个人摆放单人床的时候，很少有人会选择房间的正中间位置。

人类有一种本能，时刻确认自身所处的位置，因此更加偏爱角落。因为我们看不到自己的背后，所以让后背或单侧身体靠着墙壁会感到较为安心和舒适。

身处角落的时候，可以看到有谁刚刚走进房间，还能将整个房间的情况尽收眼底。如此看来，角落是一个既能让自己不那么显眼，又能充分掌握他人动态的绝佳位置。

●你是性急的人？内向的人？ 还是自我展示欲强烈的人？

另外，坐在角落、面朝墙壁的人，可以说是完全不想与他人发生关联的内向型人。坐在门口附近的人，可以说是性格急躁，时常兼顾身边情况的人。坐在正中间的人，可以说是自我展示欲很强烈，但并不在乎他人的人。

你和身边的人，都属于什么类型呢？

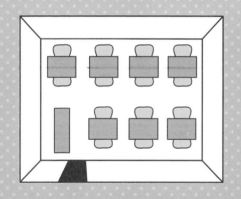

用激将法来激励那些没有干劲的人

有时挑衅的话会打动人

挑衅的言语，有时可以激发对方的干劲。让我们来看一个实际发生的例子吧。一个成年人带着孩子们坐引体向上，几乎所有的孩子都兴高采烈地伸手去抓单杠，试着让脚远离地面，但只有一个孩子郁郁寡欢地蹲在不远的地方玩地上的沙子。就算大家叫他："喂——一起来玩儿呀。"他也无动于衷。这时候，老师温柔地笑着鼓励说："看起来他不会做嘛。"听闻此话，男孩子噌地站立起来，大声说："我会的！"然后就跑来握紧了单杠。

这种让看起来没有干劲的人充满热情的语言，是最具激励效果的。

假设这位成年人去问"你喜不喜欢做引体向上"，然后孩子回答说"嗯，不喜欢"，那就没有下文可言了。面对"不会做"这样稍微有挑衅意味的语言刺激，反而让孩子出现了"逆反"的心理，然后做出正面的动作反馈。

这可不是孩子专用的手段，在成年人的社会也完全可以应用这个技巧来进行交涉。

用激发自尊心的语言让人行动起来

例如，你正在推销新款网球球拍。对于"嗯嗯"着犹豫不决的顾客，可以试着挑战一下对方说："是啊，虽然用习惯以后，这款球拍比老款的球拍弹力更好，但毕竟是专业款，可能对您来说有那么一点难度。"这个时候，不要用责备对方的语气，重点在于给对方的自尊心带来微弱的刺激。

"可能对您来说有那么一点难度"，这个表达中包含了"以你的能力恐怕驾驭不了"的意思，所以会让对方心生难以按捺的反驳之情。要是对方冒出"我都打了20年的网球，大型比赛也不是没参加过，你这么说可太没礼貌了，我可要让你见识一下我是怎么用这个球拍的"这样的想法，不就正中下怀了吗？对方在买单的时候，也会有些许的满足感。人的心里，会有对强制性的反抗意识。也就是说，跟"请购买吧""用这个比较好啊"的建议相比，"其实你不需要这个"的说法更容易奏效。另外，如果夹杂一些"买不起吧""不会用吧"这样有损对方自尊心的言论，可以进一步激发对方的"逆反"心理。如果您从事销售类的工作，不妨一试。

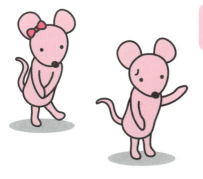

请避免使用会让对方生气的说法。

关键在于温和地传递信息。

如果对方进行情感上的攻击，请灵活运用3S理论

●3S理论是可以改变事情走向的良药

人与人是如何增进彼此间的感情的呢？这个过程中有3个必不可少的要素。这是由心理学家鲍比提出的，他认为"微笑（smile）""肌肤接触（skin-ship）"和"视线（sight）"是3个必备要素，而将3个单词的首写字母放在一起，简称为3S理论。

在日本，除了亲子、恋人等关系极为亲密的人以外，很难出现肌肤接触的情景。所以在这3个S当中，微笑的价值就显得尤为重要。

拿职场来说，我们常常会遇到双方感情冲突，时常站在对立面的同事吧。或许两个人都想让关系融洽一些，但现实却总是让人遗憾。

如果有这样的问题，可以在察觉到自己"心情大好"的时候，试着带着微笑讲个笑话，就算心里有点尴尬也没关系。

能从相互对立"扭转成为"有基本的善意，就能创造出让事情的走向发生变化的契机。

3S

视线

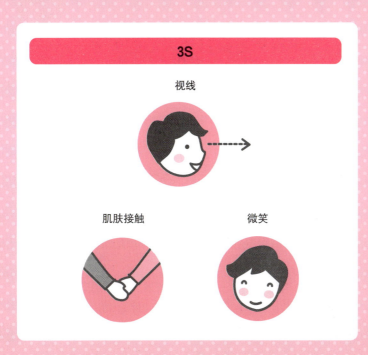

肌肤接触 　　　　微笑

丰臣秀吉是打动人心的天才

● 懂得笼络人心的秀吉的"哄人技巧"

说到丰臣秀吉，有这样一段广为流传的逸事。据说他把信长的和服放在自己的怀里捂热，然后拿给信长穿，因此得到了信长的信任。

足轻（下级步兵）出身的秀吉能够成为一统天下的著名武将，这放在今天可是相当于"一脚踢开董事长的儿子，自己摇身一变成为大企业的董事长"的故事。

他留下了很多成功地笼络人心的案例。让我们看看下面这个例子。

在攻打某地区时，秀吉游说位于最前沿地区——冈山的宇喜多直家归顺自己。作为一城之主，宇喜多直家是心直口快、性格急躁的武将，无时无刻不在盘算如何暗杀家主，取而代之。然而面对这样的宇喜多直家，秀吉却只献上了为数不多的一点点贡品。

其实，假设宇喜多直家当场杀掉秀吉，也完全在情理之

中。但是直家却被秀吉这种坦然的胸怀所打动，心服口服之下决心归顺秀吉，与之并肩作战。

如果对方的行为在自己的预料之中，想法在自己的意料之内，那人们就会感觉对方已经在自己的掌控之中了。但如果对方采取了意料之外的行动，与自己的推测完全不符，人们就会产生动摇的心理。毕竟无法预料到对方下一步会采取的行动。在这样的情境下，人们难免会觉得对方要胜过自己一筹。

我是他不能相信的人，但是他毫无防备地出现在了我的面前……这种意料之外的行动撼动了直家的内心。也许只有秀吉这样的人物，才敢于用这种剑走偏锋的方法获得成功吧。

专业店员的读心待客技巧

说到在卖场里应该什么时候跟顾客打招呼，其实有以下这样几个判断的关键信号。

可以打招呼的信号

手和眼睛的动作停顿的时候。

不可以打招呼的信号

接触商品后又送回原位，走来走去，眼光在各件商品之间游走的时候。

急切需要店员来关照的信号

双臂交叉，或者用手抚摸面颊和头发。

欢迎店员来打招呼的信号

开始在店里四下寻觅的时候。

记住上述信号，一眼就能分辨出客人当下的状态。

如果顾客需要，请积极提供必要信息。这可是销售人员的行为准则。另外，下面这些是顾客所期待的交谈方式。

1　积极的，有抑扬顿挫的讲话方式

2　表扬对方的语言

3　换个说法来描述顾客的提问，或者给对方自
　行解答的提示

4　向对方做出适当的反馈

向顾客打招呼的时候，需要声音洪亮、清晰，同时认真回答顾客提出的问题。如果看起来解释一次不能满足顾客的需求时，可以花点心思用对方能充分理解的方法仔细解说，这是能够让顾客感受到你诚意的关键。

用一个小动作去理解客人的期待感

除了语言以外，还有一些小动作可以看出顾客有无期待感。例如，期待感高的时候，以下动作会显著增加。

1 身体前倾的姿势

2 直视的视线

3 默不作声地点头

4 微笑

如果出现上述动作，就可以放心大胆地推荐商品了。请注意不要太过于强势地进行推销，而是要带着诚意对顾客的期待做出反应。只有这样，才能自然而然地表达出自己的真诚，给顾客留下良好的印象。

让对方毫不犹豫购买商品的推荐术

有这样一个研究，专门分析了母亲和孩子一起玩儿玩具的场景。研究结果显示，在适当时机给孩子提供恰当提示的妈妈，可以培养出富有创造力、三思而后行的孩子。

从事销售行业的人，在待人接物的时候也可以花心思在"良好的时机"向顾客提供"恰当的提醒"。这样做的效果，可以提高顾客的满足感。

✕ "这个，真的很不错"

　　→ 强迫式推销方法

◯ "你看看这样来搭配是不是也挺好的"

　　→ 善解人意的推销方式

◯ "还有这个款式"

　　→ 善解人意的推销方式

提供善解人意的恰当提示，可以增加与顾客交谈的内容，也能确保让顾客始终是主角。也就是说，通过这种接待顾客的方法，形成一种不买点什么就不能回家的氛围。

通过接触让对方说出真心话

与他人交谈的时候，如何才能让对方说出心里话，或者给对方留下良好的印象呢？

美国心理学家吉拉德进行过这样一个心理实验。

1 听者只是点头示意，或者只做出"嗯""原来如此"这样的反馈，单项倾听对方的话

2 在 **1** 的条件之上，听者在准备坐到椅子上时，轻轻触摸对方的身体

3 在 **1** 的条件之上，听者在对方讲话前开始讲述自己的事情

4 听者在坐下的时候轻轻触摸对方的身体，然后开始讲述自己的事情

结果显示，在第 **4** 种情况下，对方对自身情况的讲述最详尽。也就是说这种情况下对方更容易吐露心声，也最容易对交谈的对象产生好感。

面试的时候，人们总是觉得主动与面试候选人握手的面试官"亲切、温和、诚实、对自己有好感"。这就是身体接触的效果之一。

当我们把场景切换到日常生活中，例如在会客室接待来访客人的时候，一边说"来来来，请坐这边"，一边轻轻触碰对方的手臂就是一个很好的引导动作。

接下来，可以尝试先于对方开口说："其实，我最近有这样……一个困扰。"通过这种自我敞开的方法提出话题，对方会更容易融入话题，袒露心声。更重要的是，这样做可以给对方留下好印象。

被误解时的两种应对方法

无论对方是谁，你与他之间都一定会出现误会的情形，然后不知不觉间演变成恶语相向、彼此伤害的结局。如何才能解开这样的误解呢？为什么我们会被别人误解呢？让我们一个一个地分析一下吧。

错误解读或先入为主导致误解的情况

误解可不是说解开就能解开的事情。但如果尚处于错误解读或先入为主的阶段，消除误解倒也不需要很长的时间。例如，给对方一个跟被误解的事情截然相反的印象，往往可以轻松地消除误解。

举个例子。

有位先生总是上班迟到，很多人觉得他不是遵守时间的人。因为身边无人了解真相，所以都觉得他的性格本就如此。但实际上，这位先生的太太身体羸弱，他必须在早晨安排好所有的家务才能来上班，所以难免不时迟到。大家知道这件事情以后，对他的态度产生了翻天覆地的变化。

这个误解是由简单的先入为主观念引发的，所以消除后人们会形成新的认知。

由于感情导致误解的情况

而那些因为感情导致的误解，才是真正难以解决的。这可不是简简单单提出对应方案就能解决的事情，因为我们并不确定对方是否愿意听我们的解释，所以不知道需要多久才能消除误解。

那应该怎么办呢？这时候，就只好采用正面攻击、一决胜负的方法了。的确，与误会自己的人正面磨合，是一件不太容易的事情。换位思考，如果你看到不喜欢的人在向自己靠近，心里一定会觉得"他又顶着一张奇怪的面孔过来干什么"。如果对方偏巧是自己的领导或长辈，则更加避之不及了吧。

但是，这里其实有一个机会。只要能诚心诚意，开诚布公地把事情摊开，成功概率一定会大幅提高。

只要敞开心扉，对方就一定可以感受到你的真诚和善意。在遭遇难以释怀的误解时，有必要与对方直接地、正面地沟通。

诚意可以把危机转化为机会。

表扬或批评的时候，保持易于沟通的距离

表扬的时候距离近一点，批评的时候稍微拉开距离

有一个法则，认为批评对方的时候，从远处发表意见可以让对方感知到你批评中蕴含的善意。

在美国，有这样一个实验。让2位参与实验的人一起玩拼图游戏，2人交替着摆放拼图。然后在不同的场景设定中，2位参与者的距离分别为60厘米和150厘米。

当某一位参与者挑战拼图失败以后，让另一位参与者分别说出善意的评论和否定的评论。结果显示，距离60厘米的人说的善意评论和距离150厘米的人说的否定评论，都给对方留下了"充满好意"的印象。

相反，坐在远处的人就算夸奖你，也可能会让你觉得敷衍和奉承。毕竟，坐在远处的人对你指手画脚也无可厚非。所以当你需要表达善意和友好的时候，还是靠近对方以后再说吧。

面对面的说教会产生逆反效果

再介绍一个令人生厌的例子吧。假设你在想要批评对方的时候，为了体现亲近感而希望跟对方近距离交谈。因此作为领导的你，特意邀请部下下班后一起去喝酒，想要促膝长谈。

从你这位领导的角度来说，确实竭尽所能为部下考虑了，但这样做

的结果往往事与愿违。从客观距离的角度说，只有给对方留出足够的空间，让对方整理好思路以后再对话，才能给对方带来正面的心理影响。如若不然，很难让对方体会到你的好意。

在小房间里不能用长方形的桌子

在另一个实验中，实验者让参与者谈论双方都不喜闻乐见的话题，然后得到这样两个结论：①双方会不自觉地拉开彼此之间的距离。②进入正题之前的时间变长。其实我们在日常生活中遇到难以启齿或者令人尴尬的话题时，也会出现这样的情况。

特别有意思的是，实验是在一间长方形的房间进行的，目的是确保两个人的交谈距离可以拉开到最大的限度。即便如此，这个房间本身并不大，只有约3米×2.4米。

与正方形的房间相比，长方形房间的长边确实可以拉开更远的距离，选择这样的地点没错。

另外就是开始进入正题前的时间。与谈话内容无关，实验者发现房间越小，进入正题的时间就越长。可见，在长方形小房间的情境下，2个人会倾向于保持一定的心理距离，由此产生阻碍交谈的效果。

所以，如果您正计划和恋人一起入住酒店，请一定别忘了长方形的小开间是最不利于两人交谈的。相反，如果稍加预算就能入住标间等稍宽敞一些的房间，一定会减少很多不必要的尴尬。

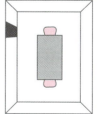

与对方的距离和房间的大小当中，隐藏着我们意想不到的秘密。只要能充分利用，就可以帮你赢得更友善的人际关系。

越想获得众人的欢心，就越会让对方产生离开的心理

不要试图讨好所有人

"不要试图讨好所有人"，这是人际交往过程中永恒不变的法则。在这样一本介绍如何改善人际关系的书中出现这种话，看起来似乎有所矛盾，但这可是从现实生活中诞生的大智慧。

我们如果想与他人和谐相处，需要了解诸多规则，这当中不乏窍门和技巧。通过了解这些知识，我们还可以举一反三地不断提高自身人际交往的技能。

但即便如此，我们有必要追求尽善尽美的人际关系吗？答案是否定的。就算我们用心揣测对方的心思，用各种技巧推进和谐关系，也难免出现不尽如人意的事情。

那应该怎么办呢？不如就承认有些事情只能听天由命，在与对方不断地磨合中寻找生存之道吧。

越是认真的人，越是会因为"我想跟大家都搞好关系，可是怎么都做不到"而烦恼。这不是错觉！因为世界上没有谁能跟所有人都交好。

人际关系的关键在于界限。

对亲密的人更加亲密，对不亲密的人恪守最基本的礼貌，然后根据实际需求选择相处模式。

与其勉强靠近又惨遭失败，还不如从一开始就保持距离，相敬如宾。

专栏

和价值观不同的人
保持礼貌的交往距离

在这个世界上，有跟我们的三观完全不一致的人。有人利益优先，永远争强好胜。也有人低调佛系，永远关注他人情感，力争和谐共生。

在职场当中，难免遇到三观不一致的人。如果每一次都感到烦恼，那岂不是会让自己疲惫不堪吗？更好的方法，就是与这样的人保持一定的距离，然后达成互不打扰的默契。退回到自己的个人生活空间以后，多多跟三观一致的人相处，以此来抵消内心中的压力。

想要被所有人喜欢，想跟每个人搞好关系，这样的心理无可厚非。但是只有认清现实，才是建立健康人际关系的基础。当然，还有一个很重要的事情，就是要尽快明确对方的三观。这个时候，绝对不要擅自揣测和猜想。只有客观地了解了对方的真实情况，才能制定正确的交往原则。之后，只要遵守既定的交往原则就好了。

了解你的压力指数的测试

请从以下问题中选择符合自己的项目。然后把对应的数字填写在问题后面的回答栏中。全部完成后，请分别计算A到F的各项合计。这个结果就是你目前的压力指数。

		回　答
A	1. 结婚了（50）	
	2. 妻子（或者丈夫）开始工作了（30）	
	3. 妻子（或者丈夫）辞去了工作（30）	
	4. 夫妻争吵的次数变多了（40）	
	5. 怀孕了（40）	
	6. 最近夫妻关系融洽了（50）	
	7. 最近离婚了（70）	
	8. 最近妻子（或者丈夫）去世了（100）	
B	1. 与亲属之间的交往变多了（10）	
	2. 新购入或新装修了房子（20）	
	3. 搬家了（20）	
	4. 儿子或者女儿长大成人后独立生活，感到自己很孤单（30）	
	5. 与亲属之间有摩擦（40）	
	6. 亲近的家人去世了（60）	

回　答

C
1. 劳动时间和劳动条件发生了变化（20）
2. 曾经与领导发生争执（20）
3. 升到了责任更重的职位（30）
4. 快要退休了（40）
5. 必须重新让工作回归正轨（40）
6. 刚刚在崭新的领域开始了一份新工作（40）
7. 有可能会被公司解雇（50）

D
1. 最近做过轻微违法的事情（10）
2. 睡眠习惯有所变化（20）
3. 饮食习惯有所变化（20）
4. 休闲的方式发生了变化（20）
5. 改变了长期以来维持的生活习惯（30）
6. 在意性生活的变化（40）
7. 至亲友人去世（40）
8. 最近受过伤或生过病（50）

E
1. 有小数额贷款（抵押）（20）
2. 有大数额贷款（抵押）（30）
3. 最近丧失了抵押权（30）
4. 有经济纠纷（40）

F
1. 对事情有自己的要求，谨慎认真（10）
2. 性格内向，不善与人交往（10）
3. 没有特别的爱好（10）
4. 没有可以放松的场所（10）
5. 容易被自己的感情左右，易怒（10）

合计

解说

压力指数 149分及以下

基本没有什么压力。有时间的时候，可以考虑一下当压力降临的时候应该如何对应。

压力指数 150~199分

虽然有压力，但问题不严重。请注意不要让小压力累积成大压力。

压力指数 200~299分

处于压力相当大的状态。为了自己的将来，花些时间，努力消除压力的根源吧！

压力指数 300分及以上

 压力山大！可以向值得信任的人倾诉，请尽快消除导致压力的原因吧！

这个测试是我个人根据美国的霍尔姆斯博士等人编写的《压力量表》制成的。

这个测试得到的指数仅为参考数据。如果比较担心，可以寻求专业人士的帮助。

以开朗活泼的职场为目标

●活在充满活力的氛围中工作，工作热情也会变得高涨

有些人天生懂得如何享受工作，乐在其中不可自拔。在他愉快的精神状态带动下，周围的人也能精力充沛地开展工作。

这一点，在心理学方面已经得到了证实。而且，这可是用小老鼠进行的实验。实验过程中，让小老鼠完成一定的工作，如果小老鼠的工作效率不佳，则施加微弱的电流刺激。

一段时间以后，科学家们发现不擅长工作的小老鼠，明显承受着比擅长工作的小老鼠更大的压力。作为结果，它们竟然出现了更大比例的胃溃疡。

另一方面，科学家们发现擅长工作的小老鼠体内的一种叫作"去甲肾上腺素"的物质有明显上升的趋势。而去甲肾上腺素的水平，可以对人类的情绪产生正面的影响。相反，在不擅长工作的小老鼠体内的去甲肾上腺素有所降低，同时也印证了它们日益体现出的抑郁情绪。

●如果想跟他人建立良好的关系，应该努力让职场氛围欢快起来

同理。对工作得心应手，三下五除二就能解决问题的人来说，去甲肾上腺素会持续增加，这又进一步优化了工作的心情。你可能已经发现了，在优秀的领导身边总是萦绕着欢快而充满活力的氛围，这就是原因之一。

一般来说，管理人员容易罹患溃疡等疾患。但是根据刚才小老鼠的研究得知，无论是从事跟自己能力相符的工作也好，还是改变工作内容优化自己的情绪也好，都能有效改善溃疡的问题。

如果职场环境明快而充满活力，人际关系清晰明朗，那么部下和周围的人一定处于干劲十足的状态。就这样，有能力的人周围就会出现独特的、明媚的、生机勃勃的磁场。

如果每天都沉浸在工作中感到无聊、惆怅，显然不能让自己开心起来。如果想跟他人和谐相处，那么请选择以开朗的心情去工作吧！这可是一条捷径呢！

公平取酬的成吉思汗

蒙古之王成吉思汗，在征战四方的过程中增加了不计其数的部下。他之所以得到了一众部下的认可，是因为他有一个与其他部落首长不同的地方。

其他首长在打了胜仗之后会独占胜利的果实，并不会优先分配给部下。而成吉思汗却采用了一种根据贡献程度按劳分配的取酬方式。

特别是对于游牧民族来说，他们的价值观要比农民更加朴实，单纯就是要"服从给自己好处的人"。因此，他们和领袖之间形成了一种叫作"give and take"的纽带，而且默认如果自己无所作为就会被放弃的观点。

把自己的战利品分给自己的部下，成吉思汗仅靠这一个手段就笼络住了游牧民的心，这也让他的追随者不断增加。

绝对不要在别人面前揭部下的短

在一次征战中，成吉思汗信任的一位大将军不幸败北。得知此事以后，他把这位将军叫到身旁说："你品尝过的胜利的喜悦够多了，这次的失败也是个教训。"然后，他才仔细倾听将军给自己讲述战争的细节和失败的原因。

成吉思汗从不在他人面前责备部下的失败。就算损兵折将，也绝不纠结失败的惨痛程度，而是会选择"下次加油"这种正面的激励。

他的这种举动，给自尊心很高的蒙古武将们留足了面子。也正是因为这样，成吉思汗的部下都对他体现出了赤诚的忠心。

向交谈的对方示好的时候，可以通过"赞美"和"不苛责小失误"两个方法来实现。成吉思汗就是一个最经典的优秀学习对象。

向历史人物学习的管理术

名垂青史的人，都是擅长发挥他人优势的人。让我们看看这样几个受人爱戴的大人物吧。

相信部下，知人善任的吉田松阴

吉田松阴，是松下村塾的开拓者，培养了很多在明治维新时期振臂高呼的优秀人才。

即便是这样有着真知灼见的吉田松阴先生，也在面对一位出身于贫穷的下级武士之家，诚惶诚恐地登门造访的少年时感到了不安。吉田松阴并没有把自己的不安表现在脸上，而是反过来对少年说了这样的一句话。

"你有发展，今后必将成为大政治家。"这位少年在得到了吉田松阴的鼓励后，励精图治，后来成了明治新政府的初代大臣。

这种一个人为了不辜负另一个人对自己的殷切的希望，不懈地努力并最终获得成效的现象，在心理学中被称为"皮格马利翁效应"。

了解你敏感度的测试

选择符合自己情况的编号，在①或②前面打√。

A．第一次进到一家店铺的时候，你会怎么做？

　□ ① 观察店内情况和其他客人的状态后，选择座位
　□ ② 如果身旁有位置，毫不犹豫地坐下去

B．忽然有人让你发言，你怎么办？

　□ ① 拒绝说"忽然让我发言，可是我一点准备都没有"
　□ ② 说"那就少说几句"，然后接受

C．选择书籍和 CD 的时候，会怎么做？

　□ ① 选择自己喜欢的
　□ ② 听从朋友的意见后购买

D．如果与不喜欢的人同桌，你怎么办？

　□ ① 压抑心情，假装开心交流
　□ ② 将不愉快摆在脸上，非必要不讲话

E．向领导陈述个人见解的时候，如何发言？

　□ ① 只说确信的事情
　□ ② 为了取得认可，稍微说得夸张一些

F．如果喜欢打高尔夫球的领导邀请你一起打球，你怎么办？
（假设你不擅长打高尔夫球）

□①陪同领导一起去
□②拒绝说"我不会"

G．在聚会或聚餐时，你如何表现？

□①才艺表演，唱歌，给大家带去欢笑
□②吃吃喝喝，跟附近的人交谈

H．如果要接待各种不同类型的客人，你怎么办？

□①接待时美言奉承，说让对方感兴趣的话
□②不会特意做讨好对方的事情

I．如果你是一名演员，想做什么类型的演员呢？

□①完全可以成为演技派
□②应该只是群众演员

J．在会议中发表自己的计划时，发言的风格是怎样的？

□①用朴实无华但直白准确的资料进行说明
□②正是凸显个人力量的好机会，多少加些演技，好好宣传
　　计划

K．跟朋友一起看电影以后，会聊些什么？

□①夸张地重现让自己感动的场景
□②如实陈述自己感动的心情

L. 如果被问到自己也不知道的事情，你会怎么办？

    □ ① 假装知道，说一些看起来相关的事情
    □ ② 直接答复"不太明白"

M. 在高级餐厅点菜的时候，你会怎么办？

    □ ① 看菜单点菜
    □ ② 听听朋友和店员的介绍后再点菜

N. 如果看到偷懒的人，你会怎么办？

    □ ① 觉得不好，马上提醒
    □ ② 觉得不好，但不会提醒

O. 倾听别人跟自己吐槽的时候，你会怎么办？

    □ ① 冷静地聆听，说出自己的所思所想
    □ ② 尽全力用语言或表情来展示自己的共情

解说

回答栏

问题	A	B	C	D	E	F	G	H	I	J	K	L	M	N	O
选择	①	②	②	①	②	①	①	①	①	①	②	①	①	①	②
	②	①	①	②	①	②	②	②	②	①	①	②	①	②	①

在所选选项下面打"√"，①代表1分，②代表2分，合计分数就是你的敏感度指数

【过敏型】（敏感度指数在11及以上）

这个类型的人倾向于考量周围的状况后再决定自己的行动方向。

为了在人际交往中不让对方感到不愉快，会留意很多细节。另外，为了在公众场合体现自身魅力，会出现稍显浮夸的演技和说辞。

从这个角度出发，应该很容易适应新环境。但其实这个类型的人会因为过于在意他人的言行而倍感压力。而且如果不能拿捏尺度，会给人留下优柔寡断、没有独立见解的印象。

你是哪个类型的人？

【快感型】（敏感度指数在6~10之间）

这个类型的人，对周围环境的变化非常敏感，善于洞察他人的情绪。可以快速适应新环境，可以与初次见面的人和谐相处。

擅长察言观色，待人接物得体大方，是公认的"交给他来做，对方绝对不会挑理"的人选。这个评价完全不会言过其实。

但如果不能拿捏尺度，不排除出现"八面玲珑"的负面评价。

【钝感型】（敏感度指数在5及以下）

这个类型的人，对周围的变化和他人的情绪不甚关心，倾向于按照自己的风格待人接物。无论在什么场合，都会按照自己的想法来行动。

这样的人多少有些随心所欲，所以不会有很多压力。但当面对新环境和新人际关系的时候，很难任由自己天马行空。还是尝试一下对身边的人和事做出更敏感的反应吧。

第 **3** 章

有效说服
对方的心理学

游说不成功的3种说法

在试图游说对方，希望对方改变态度和思考方式的时候，对方的态度和意见有可能与游说者的期待正好相反。这叫作"飞去来器效应"。什么时候会出现这种情况呢，以下列举3个有代表性的表达方法，大家可以体会一下，以避免努力游说却事与愿违。

1 站在自己（游说方）的角度，单方面为了实现自身利益进行游说，优先考虑自身立场，这样做很容易招致对方的反感，从而导致游说失败。在另外一切情境下，很可能引来更多的反对者

2 游说的时候，提及对方的缺点和问题点进行彻底的批判，大肆谈论对方最不愿被提及的事由，引发被游说者强烈的不满。越是想这样说服对方，对方的内心抗拒就会越强烈，需要多加注意

3 一般来讲，限制了选择的自由以后，被限制的东西的魅力会有增无减，变得更加具有吸引力。采取"那个不行，这个也不行，我推荐的这个最好"的游说方式，反而会让对方对那些"不行"的东西更感兴趣

游说不成功的时候……

游说失败的时候，要继续跟进以便做好下次游说的准备。这个时候，或许可以给对方留下一个"哦哦哦，其他事情下次再说吧"的悬念。就像连续剧一样，留好悬念，才方便下次做开场白。

看电视连续剧的时候，每当一集快结束的时候总会出现点儿悬念，然后在观众欲罢不能的时候打出一个"未完待续"的字幕。

与平稳结束的情况相比，即将结束时却被打断的内容会更清晰地留在人的记忆中。因为在恰到好处的地方断开，受众心中犹存紧张感，所以相关的记忆也会一直保留在心里。

苏联心理学家蔡格尼克发现了这个现象，并将之称为"蔡格尼克记忆效应"。

电视剧正是利用这种在"恰到好处"的时候切断剧情的方式，激发观众"还想继续看"的念头，从而提高收视率。

不顺利的时候交给时间

● 说服不成功时，过一段时间再试试

有时候，就算游说之后没有得到立竿见影的效果，但却能在稍过一段时间后看到成效。

在实际生活中，我们常常想方设法地去说服对方，对方都没有动摇。但不知为什么，过了1~2周后，对方竟然自己改变了态度。这种没有当时见成效，而是在沉寂了一段时间后才出现效果的情况，被叫作"假寐效果"。

研究表明，假寐效果的出现时间，快则1~2周，慢则3~4周。

信息来源的可靠性较低的时候，这种假寐效果的显示时间就越久。我们可以理解为，因为当下无法对信息源或游说的人产生充分的信任，所以并没立即做出决定。但经过了一段时间后，信息源和信息内容之间的关联性会变得日益稀薄。

这个时候，被游说的人才终于能对"信息内容"本身做出反应，然后改变自己的意见或态度。所以，与刚刚被游说相

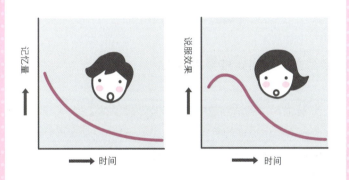

艾宾浩斯记忆曲线（左）
和假寐效果（右）

记忆量

时间

说服效果

时间

记忆在时间里渐渐稀薄，但是说服的效果却日益显现

比，说服的效果在这个时候更容易体现出来。

　　由此可见，反复进行的游说更加具有成效。只是，反复的过程中难免招致对方的不快，甚至一段时间内让对方的态度更加坚决。如果最初的游说效果不甚理想，可以暂时偃旗息鼓，等待下一次说服的机会。

专栏

想不夹杂任何感情进行谈判的时候，用电话的方式比较有效

●越是复杂的问题越容易解决

有些情况，电话沟通的效果要比当面沟通的效果好。心理学家曾经进行过这样的实验，让意见不一致的2个人进行讨论，直到他们得出一致的意见为止。实验的方式分为"2个人之间面对面对话"和"通过电话交流"两种。

结果显示，电话沟通的过程中，改变意见的人要比直接对话时改变意见的人更多，同时改变意见的速度也显然更快一些。而且，通过电话进行沟通时，多数人评价对方是"诚实、理性、值得信赖"的人。

通过电话进行沟通，为什么效果更好呢？

因为通过电话沟通的时候，我们没有受到对方的表情、小动作等不必要信息的影响，因此能够把注意力放在沟通的内容上。因此，在筹划内容复杂的沟通或者需要进行慎重的讨论时，建议选择能让大家注意力更集中的电话沟通法。

电话讨论的方式有一个优点，就是能让双方更容易保持冷

静。我们都知道，只有保持冷静，才能把自己的立场和意见正确地告知对方，也能更容易地找到解决问题的切入点和双方的共赢点。我们充分理解对方的意见，通过理智客观的思考方式来解决问题，才能获得成就感。与此同时，我们也必然与对方建立更稳固的合作关系。

如果游说的过程进展得不顺利，不妨试试给对方打电话再商量一下。如果事先推测出谈判进展得不会太顺利，或许可以先通个电话让对方了解事情的大概。这就是电话存在的意义。

相反，如果游说的内容不涉及具体的内容，直接见面交谈会更有说服力。

正确传达感情

正确地向对方表达感情，然后正确地理解对方的感情，这样做才是有效说服的先决条件。为了正确地传达感情，除了面部表情之外，我们还可以利用自己的声音。其实有一些感情，通过声音来表达要比通过面部表情表达更加准确而生动。

例如，"喜悦、不快、愤怒"这样的感情，仅通过表情就能传达。但是"恐惧"这种感情则通过声音来表达更加准确而有效。另外，表情和声音结合在一起可以更好地表达出"惊讶"，但是"喜悦"和"愤怒"则正好相反。

容易传达的感情表现如下。

1 "恐惧"的感情可以通过电话传达给对方，但是"喜悦"和"不快"难以传达

2 为传达"喜悦、不快、愤怒"这样的感情，或者感受对方类似的感情，建议与对方直接见面

3 "喜悦""愤怒"这样的感情，跟声音结合在一起会降低对方的感知度。如果见面的话，建议非必要不要张嘴说话

在游说对方的时候，千万不要忘了尽可能快、尽可能准确地把握对方的感情变化。

决定人的印象的机制

据说，只需短短3次会面，就基本可以决定一个人的印象了。这叫作三套理论。

第一次（初次见面） 决定第一印象的雏形

建立"××先生，可能是这样的人吧？"这种大概的印象。

第二次 再次决定印象

再次确认第一次见面时的印象是否正确。

第三次 确认印象

至此，对方的印象基本固化。

第四次 强化印象

最初的印象进一步强化。之后很难再改变印象。

与一个人见面的次数超过3次，但仍没给对方留下好印象的时候，请不要勉强维持亲密关系了。建议稍微拉开一点距离。

大幅提高说服力的5种方法

一次顺利的说服，包含"把自己的信息或意图传递给对方""改变对方的意见、信念和态度"两个环节。其中有各种各样的方法，而我们可以根据对方的情况、说服的内容，来灵活选择说服的方法。

方法1
以退为进法
（阶段性说服、阶段性要求法）

利用对方一旦接受了简单的请求，就很难拒绝其他高难度请求的心理。

因为之前同意过对方类似的请求，所以很难拒绝对方。

例如

先少借一点钱。如果对方同意，下次可以请求对方多借一点。

好的，2 万元　　　　　　谢谢　　　　　　20 万元，好吧

方法2
让步请求法

本着对方会拒绝的态度，先故意提出一个比较高的要求。当对方拒绝以后，再改成一个比较小的要求。

对比较高的要求，对方可能本能地做出拒绝、后退的反应。这时候提出一个较小的要求，对方就很容易感受到你"让步了"，然后接受你的要求。

例如
提出薪资要求的时候，可以先要求得高一些，被拒绝后改成稍低的水平。

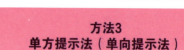

方法3
单方提示法（单向提示法）

只宣扬自己想好要主张的内容的优点。

例如
介绍商品的时候，只介绍优点。

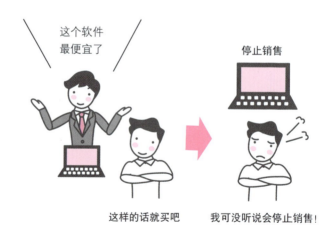

这个软件最便宜了

停止销售

这样的话就买吧

我可没听说会停止销售！
被骗了！

方法4
双方提示法（双向提示法）

介绍优点和缺点。

例如

介绍商品的时候，不仅介绍优点，也介绍缺点。

这个软件就要发行新款了。那时候更容易入手

我倒是也不需要新款软件，现在入手也不是不行

方法5
低酬技巧法（虚报价格法）

先提出优惠条件，得到对方的承诺。在获得承诺后，改变条件。

一旦承诺后，承诺方就会产生相应的义务感。就算条件发生些许变化，也不太容易拒绝。

例如
委托业务时提出高薪酬待遇。对方承接后降低薪酬。

高潮法和反高潮法

以下两种方法的有效性，要结合对方的情况和当下的场景来判断。请理解这两种方法的区别，区分使用。

高潮法

讲话方法：先说内容，最后陈述结论。

适用对象：适用于在意官衔和形式的人，执着认真的人。

适用场景：适用于对方对你讲述的内容感兴趣的场景。
（面试或面谈等）

"××是××，所以结论是……"

反高潮法

讲话方法：先陈述结论，之后详细说明。

适用对象：适用于拥有理论性、合理性思路的人。

适用场景：适用于对方没做好倾听的准备，或者对方对谈话
内容完全不感兴趣的场景。

"就结论来说……"

让部下干劲十足的3种方法

如果想让部下充满干劲，哪些方法比较有效呢？这里介绍3种有代表性的方法。

方法1
在大家面前公布目标
（公众承诺）

让部下在大家面前公布目标，可以提高其通过努力实现目标的概率。如果在目标中提出明确的数字或期限，则成功率会更高。

"我这个月要签下5张订单"

方法2
呵斥、表扬、给予回报

通过呵斥或表扬等行为来激发对方意欲的方法，叫作"施加外部动机"。被领导表扬，之后当然会更加努力。但是别忘了，领导的呵斥包含着"对你的期待"。

另外，还可以通过"这个完成以后就让你做经理"等明确的回报来进行激励。

你一定可以的。这个目标完成以后，就可以晋升经理了

方法3
创造成就感

把目标设定在对方稍加努力才能实现的高度，能让对方干劲十足。

在设定目标的时候，最好可以激发部下想要挑战的勇气。虽然可能失败，但成功以后的成就感将给其带来巨大的幸福感。

"这个拜托啦！"

"好的！一定努力！"

项目

专栏

说服上司时的固定短语

在职场中，从下至上进行申请的时候，往往进展得不那么顺利。从小组长到科长，从科长到部门经理……这个过程中，不知何时申请的内容就消失得无影无踪了。

职位越高，自己的裁量权就越大。但其中信息最容易停顿的层级，却是权力还没有很大的科长的位置。

所以，为了说服科长，可以考虑巧妙地引出更上一层的领导。运用这个技巧的时候，可以这样讲："部门经理觉得因为正在推行××这个方法，所以正好可以用到这个计划"或"根据总裁的思路，制定了这套方案。这个部分是从总裁喜欢的《××》书中引用过来的"。

科长的权限不大，因此需要使其拥有"不会有问题"的安心感。只要能说服科长，就能直达部门经理。这样一来得到批准的概率就会大幅提高。

推动迷茫的对方做选择时，
不要问"什么"，而应问"哪个"

优柔寡断的人工作时，很难做出自己的选择。这样的人，对自己承担责任这件事有所恐惧。如果让他们做决定，无论结果好坏，他们都不愿意承担自身的责任。

如果你能为这样的人做决定，他将不胜欣喜。在他困扰的时候，你可以用肯定的语气告诉他"这个就行"，相信这个简单的陈述可以给他吃颗定心丸。因为对这样的人来说，有人帮自己做决定，有人告诉自己"这个就行"的结论，是在帮自己减轻心理负担。

只是，如果你说"这样做"，但对方却支支吾吾、不置可否的时候应该怎么办呢？这样的情况下，你可以进一步地给出选项。

"这么做好吗，还是想那么做呢？"把选项精简为2个，可以让选择变得容易，然后很快得出"那就这么做吧"的结论。说不定，对方还会顺着你的思路提出"这样做，然后……"的新思路呢。就这样，我们可以在对方选择"哪个"的过程中，逐步摸清对方的真实心意。

A　　**B**

无论如何都想交涉出一个结果的时候，可以换个地方，约在下午3点以后

专栏

●在日暮时分传递热情

如果需要针对特别重要的事情进行认真的交涉，可以把地点定在咖啡店，把时间定在下午3点以后。这个时候，大家开始感到些许疲惫，忍不住想要喝杯咖啡。

另外，如果想与对方交涉时建立亲近的心理距离，快速完成交涉，可以选在日暮时分进行交谈。

身处明亮的房间时，周围情况一目了然，周围的人也在明亮的光线里。与之相比，房间昏暗的时候灯光柔和，给人一种这里只有我和对面的人的感觉。

另外，光线明亮的时候，什么都能看得清清楚楚，让人有种害羞和想隐匿的感觉。只有降低亮度，才能卸下对方的戒备心。

除此之外，在明亮的光线下，你计划的缺点也同样清晰可见，很容易导致乘兴而去、败兴而归的结果。所以，如果想得到理想的效果，还是请选择能更好地向对方表达你的热情，更容易得到对方认可的环境吧！

交涉时的要点

- 下午3点以后
- 选择稍微昏暗的房间
- 传递热情和情谊

有助于说服的2个要点

送人玫瑰手留余香

有这样一个心理实验。2人1组，完成"对各种画作进行评价"的工作，中间有几分钟的短暂休息。这时候，其中1人买回2瓶饮料，体贴地告诉对方"给你也带了1瓶"。

评价完所有的画作后，这位体贴的男性跟对方说，"能帮我买一张彩票吗，一等奖是一台新车"。其实，这位体贴的男性是实验助手。结果显示，被对方赠送了饮料的人，比没收到对方饮料的人更愿意帮对方买彩票。

大多数人认为，"如果不回报对方的好意，就会被认为不知感恩"，这叫作"好意的回报性"，我们在潜意识里都遵循着这个报恩的规则。

而且科学家们还发现，无论我们喜不喜欢对方，这个"报恩"的行为都会成立。

就算对方是不喜欢自己的领导、部下、同事，如果平时给予对方帮助，没准对方也会在紧急时刻向你伸出援手。

风雨交加的日子才是登门拜访的好日子

天气不好时特意去拜访，为什么会事半功倍呢？

例如，恋人之间，会排除万难前去跟对方见面吧。同理，在有事想拜托对方的时候，或者想要说服对方的时候，必要性越高，想要克服困难的心情就越强烈。

利用这种心理反差，我们可以在坏天气或大堵车的时候拜访对方，表达自己"无论如何都想……"的诚意和热情，给对方留下深刻的印象。

况且，在天气不好的日子拜访对方的时候，多少会给对方造成"这种天气还特意前来，真是不好意思"的心理暗示。故此，就不能无视对方提出的要求了。

容易被人说服的类型是哪种?

在此介绍几种不同类型的游说方法。您可以先甄别出对方的性格特点，然后根据其性格选择合适的游说方法。试试看，说不定对方会变得很容易被说服。让我们按照不同的性格类型来看一看吧。

拘泥于信息的人

- 出示大量客观的数据会很有效
- 不要掺杂自身的主观见解，为了说服对方可以提供尽量完善的参考信息

要点

- 与其热忱地表达自身见解，不如冷静地陈述客观事实。通过客观数据证明逻辑思维，引导对方对自己讲述的内容产生兴趣

自尊心强的人

- 越是喋喋不休地说明，越会让对方产生抵触心理
- 强迫性地说服，会伤害对方的自尊心
- 要让对方认为是自己做出了决定，这样更容易说服对方

要点

- 不要把说服内容强压给对方，要不声不响地慢慢过渡。"我觉得挺好，但绝不强制，您可以自己做决定。无论如何我都尊重您的选择"

- 给对方留有余地

- 如果对方的自尊心得到了满足，有可能意外地快速同意你的想法

神经质的人，纠结细节的人

- 无论什么事情都纠结细节的人，需要从一开始就按部就班地提供各种信息
- 对方认可后，再提供下一份信息，逐步得到对方的信任

要点

- 绝不能要求一次就实现目标
- 要做好打持久战的准备
- 如果对方希望了解更多信息，基本上就已经成功地说服对方了

想象力丰富的人

- 最好不要说明过多细节
- 介绍紧要重点，然后让对方自行判断
- 撒下诱饵，然后等待对方自行上钩

要点

- 需要注意的是，要确保提供的信息能让对方联想到自己期待的方向

优柔寡断的人

- 自己很难做出决定，因此周围人的意见会影响自己的决定
- 从结论开始说，然后解释理由
- 进行说明的时候，要用积极和肯定的口吻

要点

- 这种类型的人时刻关注周围的动向。推荐商品的时候，可以说"大家都在使用这款商品"。如果期待得到对方的同意，可以说"我们大家都同意您这么做"
- 让对方参考一下周围人的意见，这样说服起来事半功倍

不让对方说"NO"的交谈方法

2个人聊得正欢，或者双方的情绪已经同频，这时候模仿对方的姿势和动作，可以让两个人的关系更加亲密，这叫作"姿势反馈"。

反向利用这个姿势反馈，可以实现不让对方说"NO"的效果。

对方无法拒绝的姿势

首先，保持与对方面对面（正对面）的姿势坐好，然后模仿以下姿势和动作。

1　如果对方说到兴头上身体前倾，你也同样向前倾
2　如果对方的视线看向你，你也一定要回馈同样的目光
3　如果对方跷二郎腿，你也跷
4　如果对方伸手拿饮料，你也拿饮料
5　如果对方歪头，你也歪头
6　如果对方用手摸脸，你也伸手摸脸

就像姿势反馈这个名字一样，像一面镜子一样通过姿势向对方进行反馈。

不要忘记重复对方的话

不要忘了时不时地重复对方的话。重复对方的话，可以体现你已经理解了对方讲述的事情。就算对方的意见跟自己不一致，也能让对方善意地感受到："（他/她）可以理解我，但是也有自己不能退让的地方。"

但如果对方无论如何都想拒绝，甚至不惜打破你的姿势反馈——例如谈话过程中起身离席，意在结束对话。这种情况下，你就不能也一起站起来了。

如果对方真的离席，交谈一旦结束，此前的努力就会化为泡影。为了避免这种情况，只能静静等待对方心情平复了。

综上所述，姿势反馈的效果因人而异。在实施的过程中请别忘了时不时地留意对方的反应。

增强说服力的2个习惯

自己座位旁边和自己的房间，都属于自己的领地，在这里可以释放出更好的"主场优势"。这个现象，常见于足球队或棒球队在自己主场比赛更容易获胜的实例中。也就是说，人们在自己熟悉的地方更容易发挥自身优势。

心理学家曾选择了一间美国学校的宿舍作为试验场地，调查这种主场优势的效果。一位学生（访问者）去另一位学生（主人）的房间参观，相互聊天。这时候的对话有2种类型。

1 **2个人意见一致的场景**

- 访问者比主人讲得更多。2人同时发声时，主人通常选择让访问者先说
- 主人心平气和地谦让访问者

2 **2个人意见相左的场景**

- 主人的发言更多。访问者和自己同时发声的时候，制止对方，自己先行讲话
- 主人对访问者体现出自己的权威，可以掌控主导权

不要试图一招制敌，可以选择多次访问

拜托他人帮忙的时候，应该多次访问以便礼数周全。

我们来看看三顾茅庐的例子。东汉末年刘备旗下已经有了关羽、张飞、赵云等骁勇善战的勇士，但却缺少杰出的谋士。刘备思虑再三后决定招募足智多谋的诸葛亮。但是，前2次拜访诸葛亮的时候都受到了拒绝。即便如此，刘备也不屈不挠，终于在三顾茅庐之后，用厚礼和诚意打动了孔明，将其招入麾下。

第一次见面的时候，对方恐怕不会对你有什么感情。但反复几次以后，对方很有可能就会喜欢上你，这叫作"熟知性原理"。

当然，只有在对方对你的第一印象不错的情况下，这个原理才能奏效。

刘备的这种态度，也是他能成为得人心、受拥护的领袖的原因。

有时敢于批判也是获得信赖的关键

（ 在伴随着痛苦的时候，人会觉得更有价值 ）

为了获得对方的信任，除了奉承和表扬外，还要说点让对方感到刺耳的话，这一点非常重要。

"你的目的，是灭秦，不是创造使百姓安居乐业的新世界。忠言逆耳利于行，良药苦口利于病啊。"

秦始皇死后，楚王项羽先于刘邦占领了秦国首都。刘邦被对手反超以后，一蹶不振。军师张良见其情绪低落，进谏了这段话。

"忠言逆耳"，意味着人在听到忠言的时候可能感到刺耳，但却对身心有益，这在心理学当中也有类似的解释。

那么，忠言和良药，为什么效果更好呢？

在一次实验中，我们以准备加入俱乐部的2位新人为对象进行了调查。作为加入俱乐部的条件，要求其中一个人完成一项非常艰难的任务，只有完成任务才有入会资格。但对于另一个人，则无条件地批准了他的入会申请。

后来，在两人都完成了入会手续后，分别听取了两人的意见。通过完成任务才获得了入会资格的人，认为这是一个有价值的俱乐部（其实旁观者认为并没什么价值），庆幸自己获得了入会资格。但其实，他心中一定已经产生了"费尽千辛万苦才获得了资格，没想到是这样一个无聊的地方"的心情。

但如果这样想，自身承受的痛苦就显得毫无意义了。所以，大多数经历了痛苦的人，都会让自己的行为正当化，愿意认为"俱乐部的价值与承受的痛苦相匹配"，这是一种正常的心理防御机制。

被信任的人批评时，人会觉得更有价值

另外，未经痛苦就直接入会的人，因为没有什么复杂的心理斗争，所以直白地认为"这个俱乐部没什么意思"。

把这件事套用在开头的例子上，我们不难发现刘邦被张良批评的时候，其实已心怀不满了。但因为"忠言逆耳利于行"的见解，刘邦自行消除掉了内心的不快。

对比自己位高权重的人进谏的时候，任谁都会心怀不安。但这也是个可以验证自己受到的信任程度的机会。这不亚于一场豪赌，但有赌的价值。位高权重的人如果听取了你的"忠言"，今后就再也不能无视你的其他"谏言"了。

拿出勇气，该说就说吧！

吸引对方的2个要点

一起边吃边聊

我们一边吃饭一边聊天的时候，不仅会喜欢上听到的内容，还能喜欢上对面讲话的人。这种利用就餐增进好感度的方法，被称为"午餐技巧"。

在享受美味的时候，人们会有心情舒畅的体验。而在吃饭过程中听到的内容，就会跟美好的体验连在一起。我们把这个叫作"联合原理"。这个"午餐技巧"，并非只能应用在狭义的"午餐"当中，而可以用在任何让人心情舒畅的场景下。例如，常帮我们泡茶和倒咖啡的人、给我们小点心的人、跟我们聊天的人、笑起来很可爱的人，都是给我们带来舒畅体验的人。

所以，我们每次见到他们都会笑逐颜开，同时对他们产生好感。

留意讲话的顺序和氛围

提高说服力的2种讲话方法

最想说的事情放在最后

必须要注意的是，要确保提供的信息能让对方联想到自己期待的方向。

把想最先说的事情赶快说出来

在对方还没认真聆听的时候，先说重要的事情更有效果。

让自己更擅长谈话的3个技巧

1 自己说话的时候，要仔细观察听众的样子

如果有人点头称是，或者有目光反馈，则可以继续讲下去。

2 有人跟你一起发声时，把话语权让给对方

抢话的行为，是在暗示"自己的立场高于对方"。

3 如果对方不感兴趣，可以先说点能吸引对方注意力的事情，然后请君入瓮

可以先把重要的事情和想说的事情放在最前面说。

给予回报的有效方法

付出劳动以后取得回报（叫作全部强化）的时候，会容易导致兴趣消减。例如，明知"这个游戏玩儿下去，早晚自己会获胜"的时候，就会失去继续玩这个游戏的乐趣。同样，如果一位女性总是在对方毫无期待的时候出现在某位男性面前，那么这位男性就会失去对这位女性的兴趣。

另外，还有类似于赌博等给予随机回报（叫作部分强化）的情况。这样的情况容易让人成瘾。因为心里始终存在"下一次能中大奖"的期待，所以总是让人忍不住采取下一次的行动。

例如，人们在赌博时蒙受损失的次数要远远多于收获回报的次数，可那些赌博成瘾的人都是因为偶尔一次的回报才欲罢不能。同样，如果历经周折才能约到高不可攀的女神，那么男生对这位高冷女神的念想只能有增无减。

如果一定要给予回报，还是应该能给对方带来喜悦的。

对不同类型的人，可以用4种不同的回报方法来进行激励

1 给予提成，按照工作的完成情况给予相应报酬

> 对充满自信、干劲十足的人更有效，可以激发积极性。

2 给予月薪，按时按量给予报酬

> 对竞争心不那么强烈的人更有效，可以带来十足的安全感。

3 给予随机奖励，报酬数额不定，但一定足够大

> 对期待"高付出、高回报"的人更有效，可以激发积极性。

4 给予计时薪酬，按照劳动时长给予相应报酬

> 对"按照自己的节奏和能力来工作"的人更有效，可以满足自身需求。

您身边的人属于哪个类型呢？

专栏

"恐吓"有效吗?

● 轻微的恐吓效果最佳

"恐吓"可以给对方带来心理上的紧张感,具有提高对方注意力的效果。但是,如果"恐吓"不当,很有可能导致对方反感和抵抗,有时候甚至会造成适得其反的结果。

在一次心理实验中,实验人员向参与者介绍"为了保护口腔卫生,需要仔细刷牙,请使用优质牙刷"的主题。

在介绍的过程中,实验人员分别采用了"强烈的恐吓""中度的恐吓""轻微的恐吓"3种不同方式来传递信息。在介绍完成以后,通过对参与者的调查得知,采用"强烈的恐吓"方法介绍后,参与者对虫牙和牙周病的担忧最为强烈。

介绍完成后一周,实验人员再次对参与者的实际情况进行了随访。从是否有认真刷牙,是否选择了优质牙刷的结果来看,"强烈的恐吓"对参与者无效,而"轻微的恐吓"则对参与者产生了最强的说服力。

由此可见,较为强烈的"恐吓"就算能在当时引发强烈的紧张感,却并没成为"要好好刷牙"的原动力。也就是

	强烈的恐吓	中度的恐吓	轻微的恐吓
论述的内容	怠于刷牙和保养牙龈，会导致如此严重的牙齿问题和牙周病，进而导致不得不拔牙，甚至口腔穿孔等严重问题。治疗过程中的痛苦非常剧烈 有些案例，甚至引发了癌症和失明	怠于刷牙和保养牙龈，会导致虫牙、龋齿、口腔溃疡、脓肿、牙周炎等疾病 最好通过牙医及时检查口腔情况，及时修补龋齿	怠于刷牙和保养牙龈，会导致虫牙和龋齿，日常需要多关注口腔卫生
说辞的形式	采用了看起来非常疼的虫牙、口腔内膜炎等照片 辅以"你也有可能变成这样"的说辞	淡淡地陈述事实，采用没那么严重的口腔疾患的照片 辅以怠于保养，"通常会发生这种情况"的说辞	采用虫牙、龋齿的"X线片"或掉光牙齿的人的照片 辅以"通常会发生这种情况"的说辞

参考文献：引用于杰恩斯与菲斯巴哈的《恐吓信息》

说，"强烈的恐吓"对说服无效。实际上，让参与者半信半疑的"轻微的恐吓"才是说服力最强的方法。

在这个实验结束之后，实验人员特意进行了逆向宣传，给大家带来了"用什么牙刷其实都一样"的说辞。但之前接受过"轻微的恐吓"的参与者，几乎没人接受这个逆向信息。

其实，接受过"轻微的恐吓"的参与者在实验的1年以后也保持了正确刷牙的习惯。可见说服效果得到了长期持续。

第**4**章

让心仪的对象
注意到自己的心理学

共享恐怖体验，男女关系会变得亲密

共享恐怖体验，通常会让男女之间的情感更加亲密。例如以下这些场景，都是有代表性的体验。

- 一起过摇晃的吊桥
- 在高空餐厅共进晚餐，将周围美丽的夜景尽收眼底
- 去鬼屋玩儿

人在身处险境的时候，心脏一定会扑通扑通跳个不停。这种心跳的感受，跟面对自己心仪对象时一模一样。所以，在身处险境时感受到的这种心跳，会让人产生身边的异性让自己脸红心跳的错觉。多美好的误会呀！

其实，"恐怖"这种生理现象会在情况好转起来以后转变成"喜欢和爱"的感情。这种感觉发生的原因不同，但却得到了同样结果的现象叫作"错误归因理论"。这样的现象常见于年轻人身上。如果你有心仪的对象，不妨在约会的时候增加一点恐怖的元素。

用亲切的名字称呼对方，
亲密度会一下子增加

面对一位不愿对你敞开心扉的人，是不是就连张嘴打招呼都需要一点点勇气。如果你有这样的苦恼，不妨试试打招呼的时候使用亲切一点儿的称呼。不要让对方感受到你的刻意，只要对方能自然而然地接受你的风格，实现和谐关系就是指日可待的事情。

来看看这个故事。

有一位男性，因为一点琐事跟刚刚相处不久的女朋友吵了起来。女生一气之下伸手就要打车离开。男生情急之下，毫不犹豫地直接叫出了对方的名字。这个称呼貌似打动了对方，之后两人就和好如初了。据说两人之后聊到此事的时候，女生仍然对"当时被直接叫了名字"的细节记忆犹新，而且喜悦犹存。

向对方告白的时机，
应当选择紧绷感降低的傍晚

●傍晚时分，男女的紧张感都有所降低

人类的心理和身体，其实都被"生物钟"支配着。

这是整合人类精神和肉体的自然节奏，如果生物钟混乱，一定会发生身体疲惫、思维能力降低、紧张感下降的问题。

而一天当中，最容易发生生物钟混乱的时间段，就是傍晚时分。

无论男女，在这个从白昼向夜晚切换的时间点，紧张感都处于降低的状态。特别是对女性来说，情绪比男性更加细腻，因此更容易受到生物钟的影响。所以，从心理学来说，选择傍晚时分向意中人告白是非常有道理的。

●爱在黄昏日落时

大家应该常在影视作品中看到这样的场景：主人公选择在傍晚时分或夜幕刚刚降临的时候向恋人告白。

回顾你自己的恋爱经历，是否也有类似的体验呢？

如果曾经在阳光明媚的咖啡厅告白失败过，在上午的公园里散步时告白失败过，那么下一次，试试在傍晚时分告白吧！

如果改变时间也没有用，那可能在其他方面有什么问题哦！

让对方选择自己想要选项的技巧

把期待对方选择的选项放在后面

从事销售工作的人，经常需要向犹豫是否下单的顾客提供二选一的选项。这是因为如果强行把结论推荐给对方，可能会激起对方的戒备心，从而得出"拒绝购买"的结论。

在这个关键的时刻，最重要的是问询的方法。不要问"下单吗？不下单吗？"，而应当把问题的顺序改为"不下单吗？下单吗？"，也就是说一定要把希望对方选择的选项放在后面。

这是一个常见的心理技巧，利用了人们习惯把结论和决定放在后面的习惯。

可能有人会问："就这么简单吗？"别着急！我们把这个技巧放在男女关系上，就比较容易理解了。

恋爱中尤为实用的技巧

假设你正在与心仪的对象约会。看了电影，吃了饭，现在端坐在安静的小店里喝酒聊天。这时候，你忽然意识到马上就要到末班地铁的时间了。你想顺势邀请对方去你家。这时候应该怎么说呢？

这时候，要是张嘴就问"怎么办？去我家坐坐吗？还是我送你回家？"可不行。一定要问："我送你回家吧？还是去我家坐坐？"

在对方听到"回家"的时候，心里一定既有安心感，又有些许的失望感。毕竟对方心里也有一些受邀去你家坐坐的预期，这时候有点落空了呢。

相反，在听到"去我家坐坐"的邀请时，对方可以通过短暂的沉默表达默许。或者只要短短的一声"嗯"，就能完成回答了。

对方是女性时更加有效

最开始听到"去我家坐坐"的邀请时，一般来说心里会生出戒备心。而且当面对"我送你回家吧？"的问题时，几乎不会有人直接回答说："不，我不回家。带我去你家吧。"

站在女性的立场上，就算两个人意气相投，也很难自己说出"带我去你家吧"这样的话。利用这个方法，不仅体现了你对女性意识的尊重，还能创造出对方选择你期待的答案的机会。这可是非常行之有效的技巧。

被对方喜欢的方法1
在人前称赞对方

在这个部分，要介绍一些被对方喜欢的方法。称赞对方的关键，在于不要给对方留下阿谀奉承的不快感。这种情况下，可以尝试"间接表扬法"。不擅长处理人际关系的人可以大胆尝试这个方法，而且不限于恋爱场景。

如果直接称赞自我评价非常低的人

- 不会感受到你的好意
- 被视为奉承，感受到不愉快

通过朋友或熟人间接性地表扬

- 从第三方的口中得知此事，可信度更高
- 对说这话的人的评价提高
- 如果信息传达的适宜，很可能会收获对方的好意回报

间接表扬的可信性更高，可以获得的快乐感也是直接表扬的2倍以上。

被对方喜欢的方法2
创造共通性

如果性情相似的两个人并非挚友，可以通过培养双方的兴趣爱好，一起努力向对方靠拢的方法，建立良好的关系。

没有共通性

非常喜欢看电影　　不喜欢电影，对爱情电影不感兴趣　　破裂

有共通性

不太明白看点在哪里，但是看看恋爱电影也无妨　　之前看的那个电影怎么样啊?　　情谊加深

邀请公司同事约会时的有效短语

　　下班以后，可以说："我也要回家了，一起走吧。"一起走在回家的路上时，可以邀请对方说："要一起去那家喝茶吗？"这些就是邀请公司同事约会时有效的说法。如果对方的戒备心比较强，可以先创造几次一起回家的机会，然后再做下一步的邀约。

　　离开公司的这个时机，是邀请方最容易发出邀约的契机，也是对方最容易接受私人邀请的时候。

　　受邀的一方就算觉得"我并没想跟他一起回家……"，但在这种情况之下，也会得出"那就一起走吧"的结论。

　　开始时心里的抵触，会在一段时间后变成"就同行一段路而已"的惯性思维。推荐各位在尝试的时候，首先要耐心地缓解对方的戒备心，然后再做下一步的计划。

想要发展亲密关系时，
小酒吧的吧台比餐厅更合适

人类学家霍尔认为，可以通过心理距离，把人和人之间的物理距离分为8个区间。

其中，"亲密距离/接近象限"的物理距离是0~15厘米。这在心理上是可以进行爱抚、格斗、安慰、保护的距离，也是相当亲密的人之间才能拥有的距离。身处这个距离时，有声言语和交流作用变得很小。

同为亲密距离的远离象限，物理距离为15~45厘米。这是伸手就能触碰到对方的距离，也是亲密关系下才能拥有的距离。

相爱的人，常常处于这个亲密距离当中。所以，如果并非恋人的异性进入这个亲密距离时，你就会感到脸红心跳，同时对这个人的存在产生强烈的意识。

心理距离变小，物理距离同样会变小。同样，我们可以利用缩短物理距离的方法来减小人与人之间的心理距离。如果想与心仪的人更加亲密，与其坐在餐厅的桌子两旁，不如一起肩并肩在酒吧的吧台旁更行之有效。也就是说，先从物理距离上形成相亲相爱的状态。

信和贺年卡要用手写的

现在这个时代，人与人不见面也能取得联系。但是我们怎能忘记每逢节日时的彼此寒暄呢。越是这样的时代，亲笔书信和明信片越是能感动人心。

每年给亲朋好友和商业伙伴寄出贺年卡的时候，尽量附上手写贺词吧。

就算是相同的语言，手写文字的温度也要远高于打印的文字。当收信人把手写书信拿在手里的时候，可以感受到写信人满满的心意。也就是说，两者之间"心意的分量"不同。

急于应付的书信，仔细耐心的书信，满怀心意的书信，敷衍了事的书信……手写的文字可以映射出写信人的性格和心理状态。正是在这里，体现出不同的信息量。

如果只能选择电脑印刷的成品，那就尽可能在印刷品的一角手写自己的签名吧。仅需一个手写签名，就能最大限度地改变这封书信给对方带来的感受。这与签名字体的好看与否无关。只是希望收信人通过寥寥数笔感受到久违的亲切感。如果可能，在外出旅行的途中寄出明信片吧。毫无疑问，这样的举动能让别人对你的好感度显著提升。

处理邮件时，快速回复简单的信息

与手写书信不同，邮件沟通的时候，对方无法通过文字勾勒出你的形象。所以如果想给邮件的另一方留下好印象，就要尽快回复对方需要的信息。

例如，对方是喜欢美食的人，可以时不时地向对方发送新店信息。如果对方喜欢电影，可以在第一时间把新上映的电影信息发给对方。

内容因人而异，但请注意这些"参考信息"不要成为对方的负担。日常可以把这些参考信息的数据保存在电脑里，必要的时候选择性发送。

另外需要注意的是，不要一味沉溺于"单方推送"的自我感动里。我们的目的是成为"对方需要"的人，而这正好是邮件沟通可以实现的效果。

让对方喜欢自己的绝妙佳句

如下对话，可以提高对方对自己的好感度。

○ "那就……，下次再见吧"
✗ "那就说好了，下次见"

○ "我们……"
✗ "你和我……"

> "我们" 这个表达方式，可以让对方感受到 "合体意识"，强调两人的一体感。

○ "我喜欢真由美女士"
✗ "我喜欢她"

○ "我想跟真由美女士见面"
✗ "我一定要见到真由美女士"

○ "我们关系不错"
✗ "关系不错来着"

○ "我认为进展顺利"
✗ "你是不是认为进展很顺利啊"

> 稍微改变说话的方法，能让 2 个人的距离更加亲近。相反，则会让两人疏远。

能让告白更容易成功的方法

除了双向奔赴的情况以外，如果忽然被并不熟悉的男性告白说"我们结婚吧"，那女生大概率会当场拒绝。

实际上，男生想要"跟她多约会，多相处，之后走进婚姻殿堂"的时候，通常需要埋下"我们先做朋友吧"的伏笔。

如果开始的时候预计对方可能会说"NO"，那么请精心准备一个让对方难以接受的要求吧。从心理学的角度来说，对方拒绝了第一个要求，就很有可能答应接下来的小要求。

这一点，在心理学中叫作"以退为进技巧"。

开始的时候拒绝了一个要求后，接下来面对小要求时，被说服的人会认为"对方做出了让步"。而为回报这种对方的"让步"，大多数的人都会对第2个要求做出肯定的答复。

这是懂得恋爱技巧的人常用的方法之一。

如果男女之间发生纠纷的话……

女性的反应有4种

女性会有以下4种反应，这时候男性应该怎么办呢？

1　女性什么都不说，自己纠结，或者独自哭泣
　　男性的通常反应为"纠结什么呢？""哭也没用"

2　女性"做这样的事情，知道我有多受伤吗？"
　　男性"别冲动，冷静下来好好说"

3　女性"不明白你。已经不知道应该如何面对你了"
　　男性"客观点看问题吧"

4　女性"为什么，总要按照你的想法做？"
　　男性"现在，工作都已经让我筋疲力尽了""没心情跟你讨论"

以上都是基于心理学调查，总结出来的具有代表性的情况。

男性和女性的处理方法不同，结果常常会出现"彼此火上浇油"的情况。

成为男神/女神的秘诀，恐怕就在于不要轻易使用这些常见的手段。

产生纠纷的时候，男性和女性分别会采取什么样的言行呢？让我们看看一次调查得到的结果。

首先，男性和女性的意见基本一致的情况如下。

> 1 女性具备更强的依赖他人的倾向
> 2 女性容易受伤
> 3 女性认为为了"理解问题所在和对方的心情，更有必要进行交谈"
> 4 女性认为对方（男性）要是没有跟自己一起苦恼，会感到不满

参与问题回答的女性们，特别强调了上述第3点和第4点。

参与回答的男性们，认为以下3点可以体现"自己的男性特征"。

> 1 讨厌被对方（女性）干涉
> 2 逃避工作
> 3 认为自己有超乎常人的信息收集力和判断力

在发生争论的时候，女性普遍希望得到对方"对自己的守护，安慰和力量"。

而男性则由于对自己能力的过于自信，不喜欢被女性干涉，逃避工作，而选择把事情束之高阁。越是如此，女性越会因为"对方怎么还不来哄我"而受到更深的伤害。这将引发恋人之间、夫妻之间相互指责的恶性循环。

男女之间，真的是千差万别。

口头上的小争吵，可能会让两个人的关系走向终结。可是当你面对新的恋情和新的恋人时，可以建立比以前更健康的人际关系吗？

"那个人"适合你吗?

●可以用数字来进行冷静的判断

想知道你在多大程度上适合现在的恋人或配偶吗? 来算算看吧。

首先, 请在下一页的回答栏里填写对方的姓名。然后在"你所认为重要的事情"中选择最重要的项目, 打5分。接下来按照4、3、2、1递减的顺序选择。

在对"××的评价值"中, 按照最高5分、中等3分、最低1分的标注, 根据实际情况填写1~5的数字。

这是根据美国心理学家设计的选择配偶的经济模型制作的打分表。把合计分数跟其他人进行比较, 满足度的结果就显而易见了。

另外, 如果同时喜欢着2个人, 可以分别算出对这2个人的合计分数。这种情况下, 通常得到"与得分高的人交往更合适"的结论。而且在适当改变条件(例如指导力、技术力)之后, 这个表格可以变成选择事业合作伙伴的经济模型。

条件	你认为的重要程度 × × 的评价值　合计
外貌	(　　　　　　) × (　　　　　　) =
知性	(　　　　　　) × (　　　　　　) =
经济力	(　　　　　　) × (　　　　　　) =
交谈时的情绪价值	(　　　　　　) × (　　　　　　) =
可利用性	(　　　　　　) × (　　　　　　) =

不要刚吵完架的时候测试。要选择一个冷静的时候来直面自己的内心。

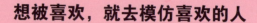

想被喜欢，就去模仿喜欢的人

人总是喜欢发掘别人跟自己在性格、能力、外貌、爱好等方面的相似点，然后互生好意，愈加亲近起来。这个倾向性广泛存在，其中包括恋爱的场景。如果跟对方有以下这些类似点或共同点，那么恋情能够开花结果的可能性就会比较高。

- 跟对方相同的癖好
- 跟对方的时尚风格类似
- 跟对方的爱好相仿

除此之外，还可以尝试着效仿对方的外观。这样至少能让对方产生眼前一亮的好感。

本来，人们就有效仿自己喜欢的人、自己尊敬的人的特征，其原因在于"想要成为他那个样子"的心理根源。

如果见到跟自己相似的人，人们会相信对方"对自己抱有好意"，从而由衷地认可对方、喜爱对方，这叫作"好意的回报性"。

如果没有相似之处，
就去模仿对方的动作和节奏

要是实在没什么相似点可寻，应该怎么办呢？

从结论来说，可以先去模仿对方的动作和小细节。比方说对方歪头的时候，你也歪头；对方用手帕擦额头的时候，你也用手帕做同样的事情；对方托着下巴的时候，你也……，通过模仿对方也总能创造出几个相似点吧。

有这样一个实验。让初次见面的两个人在房间里聊天。让其中一人对话时留心模仿对方的小动作。过了一段时间以后，询问被模仿的人的感受。结果如下：

- 非常喜欢对方
- 认为自己喜欢对方，但是对方
  要更喜欢自己

另外，几乎所有的人都没有留意到自己被模仿了。

如果在约会的时候实在没什么可模仿的，那就去配合对方呼吸的节奏吧。呼吸的节奏同步，进入与对方"呼吸同频"的状态，一定会使约会变得更加愉快。

住在对方家附近，更容易修成正果

●物理距离靠近以后，心理距离也会变得更近

在日本有一项调查，以情侣为对象，问询情侣选择分手或选择结婚时分别因为什么。

以这项调查为基础，心理学家进一步在美国进行了调查。结果如下：

"结婚的概率，随着婚约双方的距离增加而显著减少。"

也就是说，最终渐行渐远的情侣之间，往往无法克服两人居住地之间的物理距离。这是因为居住地之间的物理距离无形中拉开了两个人的心理距离。实际上，两个人距离远了以后，见面的机会自然减少。假设两个人都居住在东京，当有什么事情发生的时候，一个电话就能会面。就算期待每天都见面也不是不可能的事情。

可是远距离恋爱带来无法每日见面的情况。每次见面都要花费不少的体力、精力和时间。

约会的成本增加，将成为两个人的负担，也会成为爱情容易黯淡的原因。

● 亲密约会的恋人之间，距离会变得更近

如果住得近，经常见面，了解彼此的心情，那么双方的亲密程度就很容易提升。毕竟身处的环境有益于促成顺利的婚恋关系。

居住地点之间的距离，是双方心理上的巨大负担。如果有了心仪的对象，可以考虑搬到对方所在的街区居住。只有两个人能在毫无负担的情况下经常见面，才能让爱情茁壮成长。或许，良好的恋爱环境就是从搬家开始的。

另外，越是深爱着彼此的人，越会想要陪伴在对方身边。但刚开始跟对方约会，还没跟对方建立亲密关系之前，可别忘了保持适当的距离。

提议结婚时的2种说法

无论多有魅力的人，也一定会有自身的缺点。这种情况下，如何让对方感受到自己专有的魅力呢？大致来说，有以下2个方法。

只强调优点的方法〔片面提示〕

- 只差一步之遥的时候，快速得出结果的方法

- 适用于在暗恋对象面前强调自己的存在感

- 在对方跟自己的基本态度、基本想法相同

  的情况下有效

就算双方都有"将来要走进婚姻殿堂"的念头，但如果还没进行细节上的磋商，就无法让这个念头成为现实。这种情况下，片面提示（单方提示）非常有效。也就是说，去强调自身的优点。

例如向对方强调"我身体健康，大家都说我性格开朗，如果结婚的话一定能让家庭充满欢乐"，这种正面的印象将有助于让对方下定决心。

同时向对方公开自己的优点和缺点，吸引对方注意力的方法（双面提示）

- 在将来想要结婚，但是对方对结婚一事持消极态度的情况时有效

- 适用于此前已经展现过真实自我的情况

- 片面提示未见效果时有效

"我这个人呀，不擅长打扫卫生，但是做饭可是一把好手。结婚以后，虽然房间可能没那么整洁，但是能让你每天都吃到香喷喷的饭菜。"

如上，向对方同时传达自己的优点和缺点，趁对方还在仔细考虑这两条信息的时候，进一步强化优点。另外，把缺点放在前面说，不但可以让对方的情绪得到缓冲，还能避免缺点给对方带来太大的打击。这就是双面提示的意义和价值。

如果片面提示得过于用力，有被贴上"自我显示欲强"的负面标签的风险。所以需要适当示弱，把握好吸引对方注意力的尺度。

不可缺少的动作是?

●微笑、肌肤接触、视线

约会的时候，如果面无表情，或者只是礼貌地问候"你好"，是无法给对方留下什么良好的印象的。但是一个浅浅的微笑，却能在初次见面时引起对方的兴趣。

另外，如果微笑和视线组合，可以释放出你对对方印象很好的信号。

●肌肤接触给对方留下悠长的余韵

约会时的肌肤接触非常重要。所谓的肌肤接触，可以是挽胳膊，也可以是拉手，无论哪种都能起到一样的成效。第一次尝试肌肤接触的时候，恐怕需要很大的勇气，不妨试试在走路时或上电梯时不露声色地扶一下对方的胳膊肘。无须高难度技巧，大家可以酌情尝试。

在约会即将结束的时候，还有最后一次实现肌肤接触的机会。

除了口头表述"谢谢，今天很开心"以外，可以微笑着与对方对视，然后伸出手邀请对方握手。千万别小看这个小动作，短暂地握手很有可能成为今后继续发展的起始点。分别时的肢体接触，是下一次约会的重要铺垫。

有人可能认为"要求跟对方握手，多不好意思呀……"。那就尝试一下触碰手肘吧，简简单单的动作也能给对方留下"来自你的余温"。

具体情况具体分析，
打电话和直接见面的选择方式

有什么事情的时候，电话沟通和面对面沟通哪个更行之有效呢？

电话沟通的时候见不到对方的样子，面对面沟通的时候可以捕捉到对方的表情细节，两种方法各自的特征如下。

电话沟通

- 适合进行理论性交谈
- 可以高效确认事务方面的细节等
- 可以正确地传递信息和内容
- 可以便于整理深刻的话题，解决暧昧不清的问题
- 可以充分表达自己想表达的见解

面对面沟通

- 适合进行情感性交流
- 可以用表情和肢体语言的方式辅助沟通
- 难以直接畅谈真正想传递的信息
- 有多余的信息，可能造成交谈内容的误解
- 如果想敷衍对方，使话题陷入僵局，面对面沟通的效果更好

吵架的时候哪种方式更有效

吵架之后，哪种沟通方式对和好更有效呢？

如果想找到彼此的妥协点，起到偃旗息鼓的作用，那么电话沟通更有效。因为电话沟通能让双方更清楚地表达自己的意图，尽早实现彼此的理解和互信。

面对面沟通的时候，谈话中双方都会接收到一些不必要的信息，有造成谈话无法继续的可能性。"你是说全是我的错吗？"我没那么说，"但是你的眼神就是这个意思，我看出来了"。

面对面的时候，这种意气用事的话语会让事态变得更加不可收拾。就算心里有和好如初的想法，也会因为或多或少的不信任感，在心里留下一抹挥之不去的阴影。

相反，如果至今为止的恋爱一直进展得很顺利，那不妨见面沟通一下。见面后辅以面部表情和肢体语言，用语言以外的方法告诉对方你的热情和爱意。让我们根据实际情况选择不同的沟通方法吧。

专栏

住院患者为什么对护士抱有好感？

●让关系更密切的床边技巧

患者住院的时候，情绪处于非常不稳定的状态。这时候，他们非常需要身边有人陪伴。

由于职业的需要，护士需要时不时地站在患者身边，握着患者的手，完成相应的护理工作。这个时候护士赋予了患者安心的感觉，给予患者及时的沟通，心理学上把这个过程叫作"床边技巧"。患者因此会产生错觉，所以常见出院后的患者会邀请护士外出约会的情况。

其中最重要的原因，是患者在"入院期间"处于感觉屏蔽的状态，信息接收受到制约，能进行言语交流的女性就只有护士而已。

不难看出，这就是为什么一方生病的时候，很容易快速与之结成情侣关系的原因。

●在对方消沉时可以奏效的方法

同样一个行为，在普通社会中的意义和在医院里的意义有所不同。

在普通社会中稀松平常的行为，却能在医院里产生非常显著的效果。例如病房探望、削苹果皮、在病床旁柔声细语、查看病痛位置……这些在身体健康时无关痛痒的事情，在住院患者的眼中却存在异乎寻常的魅力。

在医院这种特殊环境中，患者就是会产生这样的错觉。

另外，住院期间存在公开两人关系的机会。作为客观存在的事实，患者完全可以向身边的病友倾诉对护士的爱慕之情。

床边效应，并非仅限于病房内。如果你的意中人因为什么事情情绪低落，这时你完全可以在他身边成为倾听的对象。

这时候，只要保持护士面对患者的心态去认真聆听，那么以后的关系一定会进展顺利。

第**5**章

攻克难缠
对手的心理学

如果让第三者介入的话，交涉会顺利进行

让对方信赖的人也参与进来

说服对方的时候，可以提一下对方也熟知的某人，例如："××先生也特别喜欢这个。"这样的方式可以推动对方做出决定。

如果××先生是对方信任的人，那么这个说法的潜台词可以被理解为"××先生说的话，肯定不会错"，这就能让进展缓慢的交涉事项得以快速解决。如果套用心理学的理论，这属于利用"平衡理论"进行交涉的技巧。

什么是"平衡理论"呢？简单来说，就是人们通常会追求均衡的人际关系的心理，如果感觉到平衡感濒临崩溃，就会为了维持平衡而改变自己的意见，或者体现出改变想法的倾向。

把这个理论跟上述案例结合起来看，我们有理由相信，在你与交涉方的关系始终止步不前的时候，可以借助你与交涉方的共同朋友（××先生）的力量。为了保持人际关系的平衡，对方会因为"××先生要是也同意的话……"而同意你的提案。

在这个案例中，交涉方越信任××先生，交涉的过程就会越顺利。

在跟难以说服的对手进行交涉的时候，可以先了解一下对方信任谁，然后看看能否得到这位第三方人士的支持。不管怎么说，提前收集信息总是有备无患。

批评对方的竞争对手
是一个有效手段

如果因为提前收集的信息不够充分，提到的第三方人士引起了交涉对手的不愉快，则会出现事倍功半的结局。

例如，当你介绍说"××先生也很喜欢呢"以后，对方却回答说："你说××也喜欢？那家伙的审美可不怎么样，我可跟他不一样。"可想而知下一步的交涉会有多艰难。

我们根据前文所述的平衡理论可知，如果交涉对方有竞争对手，那么可以通过对他的批判而获得交涉对方的认可。如果交涉对方知道你跟自己的竞争对手略有不快，想必你们很快可以成为同仇敌忾、意气相投的战友。如此，交涉的项目就能自然而然地进入良性发展了。

如果想快速提升自己的交涉能力，建议你灵活运用这个"平衡理论"。

尽量不要否定话题中涉及人物的人格，只针对行事风格、工作方法等发表意见即可。

如果对对方的人格大放厥词，会导致交涉方对你的好感大打折扣，甚至引起反感。

专栏

在无论如何都要拜托对方的时候，要强调"非你莫属"

● 对高傲的人效果更好

"我只有你！"大家可能对这句台词耳熟能详，这可是宣告爱意时的终极台词。但其实这句话可以发挥更大作用的时候，就是有事情要拜托对方的时候。

例如，眼前有一项你自己三头六臂都处理不过来的工作，或者需要向对方借钱的时候，就可以试试这样的台词："这样的事情只能找你帮忙""我觉得这样的时候只能找你想办法了"。

如果对方是充满自信的类型，更容易被你这样的台词所打动。

● 严禁到处使用！

拜托对方的时候，重点在于发自内心地强调"非你莫属"，所以绝对不能体现出"只要能帮到我谁都可以"的态度。

如果这样的台词频频出现，会给对方留下巨大的失信感。
所以这个台词，只能出现在"万不得已"的场景下。

如果被别人真正需要，自己也会感到愉快。

真是被"非你莫属"这个表达方式打动了。

如何打动难缠的对手

● 从容易开口的事情开始说

销售人员可以通过自己的话术技巧，让对方打开门，"听听自己的介绍就好"。

其实销售人员的目的在于销售商品，不能让话题真正停留在"听听介绍"的步骤。但是客户开门的时候，却是真的以为自己只要"听听介绍"就可以了。怎奈介绍之后，销售人员马上接着说："就请买1个吧。"接受了这个要求后，销售人员马上还会接着说："那不如干脆买1套吧……"就这样，要求一个一个接踵而至。

最初提出让对方难以拒绝的小要求，然后逐步提高要求。当你试图打动难缠的对手时，就可以用到这种高级别的心理技巧。

如果突然提出一个崭新的操作方法，恐怕对方会有所迟疑。但如果最初的提议只是一个无伤大雅的小要求，那么对方通常会同意这个"小小不言"的事情。然后，你就可以一步一步向自己的真实想法逼近了。

要得到上级的信赖，需要批判的勇气

聪明的领导，应该在周围接连不断的称赞中清醒地认识到："大家都在挑我爱听的话说。"虽然明知大家的好意，但总觉得情急时刻下没有值得信任的人。

另外，对于能在自己的面前清晰地陈述出对自己的批判言论的人，领导往往觉得这是个"正直的人"，并由此产生信赖感。

人人都希望听到自己的正面评价，但如果身边都是一成不变的赞扬，也会有所不安。

毕竟谁都有缺点，如果对方清清楚楚地认识到了自己的缺点，却仍然可以接受自己，这才是真正的好意。在这样的基础上，能建立更加稳定的关系。

如果有一位部下，虽然批评自己的不足之处，但能同时肯定自己的优点，领导会由衷地认为"就算自己犯了错误，也不会被这位部下所抛弃"。由于你的信任，部下会对你更加忠心耿耿。一旦这种互信关系形成，以后无论你是好是坏，部下都会追随在你的左右。

要让难以得到认可的部下觉得自己"被寄予厚望"

人人都是渴望得到他人认可的生物。

在这个社会中，其实每个人都希望通过工作创造自我价值，然后得到他人的认可。但是我们身边不乏怀才不遇，无论怎么努力都没有得到认可的人。这样的人很容易失去工作的热情，时不时产生"工作什么的，随便吧"的消极情绪。这种情绪的背后，是一种无可奈何的心理防御机制，给自己一个"不是我拼命做也做不好，只是我不想干而已"的合理化解释。

为了让这样的部下充满干劲，可以考虑如何让他知道"大家对自己有所期待"。至今为止都没有沐浴过大家重视的目光，所以一点点期待都能给他带去光芒。这样一来，他会为了保持被关注的状态，继续努力达成目标。我们可以寻找这个人容易成功的领域，告诉对方"这件事儿就交给你了""这个项目，是你擅长的方向吧"。只要有一件事可以体现他的长处，就能实现激励的效果。现实当中，并不存在无所不能的超人。但是，如果有一件事情可以让人充满自信地去完成，就能源源不断地激发出他的热情。

提高信赖感的道歉方法

假设在工作的时候跟交易方之间出现了摩擦，可是无论你多努力地道歉，对方也会认为你"诚意不足"而不原谅你。我们可以从这样的场景中分析出，不管你在心里多努力地道歉，如果心意不能传达给对方，就不能成为有效的"道歉"。

善于道歉的人和不善于道歉的人的区别

善于道歉的人，也同样擅长处理人际关系的问题。这样的人就算因为什么情况出现了失误，也能比较轻松地解决问题，还能有效地修复人际关系。更厉害的角色，甚至可以通过这样的机会缩短与对方之间的距离，建立更为深厚的感情。

如此说来，善于道歉的人，究竟厉害在哪里呢？这就是他们了解问题出现在自己身上，同时也深信只有自己道歉才能让今后的人际关系恢复正常。另外一点，就是及时道歉。

而所谓不善于道歉的人，就很难做到这一点。

他们不太考虑过错出自哪里，要么大包大揽地一味道歉，要么完全不道歉。这样的行为，只能让人际关系和已经存在的问题进一步恶化。

站在弱势的立场上去道歉才更有效

我们去道歉的目的，是安抚对方愤怒的情绪。如果自己有错却不道歉，就会彻底激发对方的愤怒情绪。正是因为如此，才应该在对方生气或者愤怒即将爆发之前先行道歉。

面对愤怒的人时，让自己看起来弱势一点，能帮助你获得对方的原谅。因为出现"愤怒"这个行为时，发怒的人会觉得自己在某个方面占据了制高点。

所以这个时候体现自己的弱势，能通过满足对方自尊心的方式淡化他的怒气。

但有一点需要注意。面对愤怒的人，不能正面紧盯对方的双眼。这种眼神会被认为包含反抗和挑战的意味。请千万别在故作弱势的时候，从眼睛暴露了真实想法呀！

道歉时不应该使用的语言

● 不能说"不好意思"

发生纠纷的时候，最关键的是尽快向对方表达自己的歉意。这时候需要注意一个细节，那就是不能开口闭口都是充满敷衍的"不好意思"。

因为这句"不好意思"，也会出现在某些毫无悔意的情境下，代替日常的寒暄。所以，会让盛怒之下的对方觉得你没有诚意。

虽然语言本身包含了道歉的意思，但因为日常生活中太常见这个说辞了，所以其本身的郑重程度已经大打折扣。张嘴就说"不好意思"的人，大多数是希望让事件尽快平息。

即便是工作失误和约会迟到这样的场景，一句轻飘飘的"不好意思"，会让人质疑你是否真的认清了问题所在，更何况是需要郑重道歉，平息对方怒火的时候呢？无足轻重的道歉，只能让对方徒增反感。

●用自己的语言真诚地道歉

假设工作方面有所失误，或者延误了截止日期，可以采用以下的道歉方法：

"是我不小心错过了截止日期，实在太抱歉了！"

"我已经对自己的不足之处深刻反省，今后一定多加注意！"

类似于这样，用自己的语言去表达情感，可以体现认真道歉的态度。如果道歉的言辞只流于表面，是没办法让对方感受你的诚意的。

道歉用语，还是用自己的语言来诚恳地表达吧！

某些道歉对象，可能还会因此对你高看一眼呢！

道歉只限于对方认为有问题的部分

发生纠纷时的道歉方法多种多样，此处再介绍几种高段位的手段。

同样的道歉方法，在不同的情境下，在面对不同的对象时，会产生不同的效果。有时需要全面道歉，但有时为了保全自己的信用，可以仅选取对方最在意的部分进行道歉。

对除此之外的事情，不触及、不道歉。也就是说，把与此事相关但没有问题的部分完全排除在外。

这时候最重要的是占据主动权。针对对方在意的部分主动道歉，然后在其他方面保持与对方平等的关系。

例如，工作中使用的商品存在瑕疵，给合作伙伴造成了影响。这时候如果事无巨细逐一道歉，很有可能导致下一批订单受到影响。

可是瑕疵商品仅为所有商品的一部分，只要稍加修正并不影响正常使用。这时候，就可以采取就事论事的道歉方法。

相反，如果这种情况下对所有细节进行道歉，不仅会失去合作伙伴对自己的信任，降低订单数量，最差的情况下还有可能使合作关系受到影响。这可就得不偿失了。

就对方要求道歉的部分道歉

其实，接受道歉的一方也非常想赶紧明确失误和问题点到底出在哪里，下一步应该如何解决。简单来说，成年人的世界里，如果只有简单的一句"诚挚歉意"是无法挽回信任关系的。

例如某家公司有错，当然要满怀诚意地去道歉。但别忘了，不是所有人都会接受道歉的。

可是差别究竟在哪里呢？差别就在于，道歉的内容当中是否包含了对方要求的内容。如果道歉本身并没触及核心问题，没达到对方的诉求，那么这种道歉是很难被接受的。

失误的时候未经准备就开口道歉，反而会更加激怒对方，让问题更加难以解决。还是要认真地想一想，究竟怎么跟对方道歉，然后再郑重开口吧！

要在理解对方要求的基础上郑重道歉。

轻松解决投诉的2种方法

只要让对方畅所欲言，愤怒就会减半

在商业社会中，投诉电话可能不多，但绝对不会没有。如果接听投诉电话时的话术不当，肯定会起到火上浇油的作用。负责接听电话的人，还是要多加小心。

巧妙应对投诉的方法，是把自己彻底定位在倾听者的角色上。让对方想说什么说什么，然后在讲述的过程中恢复平静。在这个过程中，对方可以整理自己的思绪，你也可以充分了解对方不满的理由。在心理学当中，这叫作"聊天疗法"。

你可以在倾听的过程中整理问题点，分析情况，然后确定出相应的处理办法。当对方处于兴奋状态时，很有可能并不清楚自己为什么生气，所以你只能通过充当倾听者的角色，才能帮助自己和对方找到突破口。

当对方已经恢复平静以后，可以尝试着提问，例如通过"这里是有这样的问题吗？"等话语，向对方提示症结所在。只有带着诚意从头到尾听完对方的话，才是最重要的解决之道。

中途插嘴会适得其反

反观不擅长处理投诉的人，可能在倾听的过程中口不择言地说出"哎呀，请冷静一点""不用这么大声我也听得见"等语句。

让对方畅所欲言的 3 个效果

1 洞察	**2 净化**
在讲话的过程中，理清自己的主要问题点	通过与人交谈，让自己的情绪沉静下来
→有些时候，会意识到"这也不是什么问题"	→畅所欲言以后，甚至会觉得"无所谓"

3 镇静	→在对方吐槽的过程中打断对方的话，对事情进行解释的行为无异于火上浇油。只有让对方的不满情绪彻底燃烧殆尽，才能熄灭愤怒之火
对认真倾听自己讲话的对方产生好感	

即便被挖苦，也要像好朋友一样认真倾听，
安抚对方，这是解决问题的第一步

可是这样的话语对缓解对方的情绪没有任何帮助。更有甚者，会在对方吐槽的过程中辩解说"不会有那样的事"，这只能让事态更加恶化。我们需要认识到，先让对方把自己想说的话都说出来，才是最好的处理方法。

但是，也有人能够在冷静的状态下谋求问题的解决。这样类型的人会首先寻求解释，提出类似"请给我解释一下，这个事情的原因是什么"等要求。

这种类型的人可能会一边倾听对方的说明，一边自行分析导致问题发生的可能性。可以说，这样的人比感情用事的对手更加强大。

但无论如何，有些投诉的内容真的有可能导致巨大的问题。所以并不夸张地说，你的接待方法决定着事情的走向。

想要解决纠纷?

●LEAD法

即使被问题困扰,也完全可以妥善解决问题后全身而退。为此,专门研究组织性沟通的保罗·G.史托兹整理出一个名为"LEAD法"的思路。具体来说:

> Listen(倾听)
> Explore(探求)
> Analyze(分析)
> Do(行动)

这4个词,就是"LEAD法"的组成因素。

●不能说的词汇

"倾听"这个方法,除了可以用于解决问题以外,还能用

与其毫无重点地顾左右而言他，不如沉着地听听对方想说些什么，这才是打开局面的关键。

于跟交易方进行交涉。在事先并不了解对方的时候，很难带动问题交涉的节奏。正是因为如此，认真倾听对方讲话的姿态就显得格外重要。

这时候，绝对不能说的词汇是否定性词汇。

"您虽然这么说，但……""如果按您这么说，那……""但是""可"，在想反驳对方言论的时候，如果不假思索地刺激了对方的感情，那可真是一件不明智的事情。还有一种需要注意的词汇。

例如"所以""正因如此"等。

如果交谈陷入僵局，对方很有可能提出新的问题。这时候一定要仔细地进行讲解，争取得到对方的认可。如果这个过程中不厌其烦地套用"所以""正因如此"这样的表达，很可能让对方感到厌恶。有时候甚至会让对方觉得被你小瞧，被你视为了不通情达理的坏人。

常把这些词汇挂在嘴边的人，大多数并没意识到问题的严重性，但这些问题的确是应该加以注意的事情。

如何使会议顺利进行？
 试试"斯汀泽三原则"

相同的成员反复开几次会以后，会出现有趣的现象。我们用心理学家斯汀泽的名字来命名，把这个现象叫作"斯汀泽原则"。这个原则有 3 点，让我们一个一个地详细解说。

第一原则

- 发生过口头争执的两个人同时列席一个会议时，往往落座在彼此正对面位置上
- 想要讨论、呵斥的时候，坐在对手正面的人会变多
- 无视周围很多空座，选择坐在你正对面的人，很有可能有话要对你说

对策

开会的时候，留心"发言时尽量赢得坐在自己对面的人的赞同"。

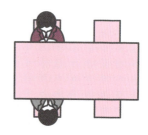

第二原则

- 陈述意见以后，接下来很容易出现与此相反的意见
- 持反对意见的人，认为"要是不发言，事情就决定了"，所以做出反对意见的陈述

对策

在出现反对意见之前，让其他人做出赞同自己意见的表态，一轮下来很容易取得全员通过的结果。

第三原则

- 如果会议组织者的领导太过软弱，会跟坐在正面的人窃窃私语
- 如果领导太过强势，会跟相邻的人窃窃私语

对策

需要观察窃窃私语的情况，根据实际情况及时调整。

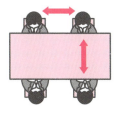

在人数众多的会议中
失去冷静的判断力时

失去冷静判断的4个理由

在参会者人数众多的场合，人们有时会做出有所偏颇的判断。究其原因，不过以下这几点。如果你处于需要推动集团行动的立场，请一定要了解这些内容。

理由1

积极性高，团结性强，人才优秀的团队容易对实际情况过于乐观。

理由2

团队成员有较强的"团队意识"，大家都以意见一致为主要目标，基本没有人提出反对意见。另外，大家共同商讨事情的时候，偶见极端的意见和判断。

理由3

"虽然风险高，但成功以后的成就也极高"，因为这种冒险精神而做出高风险判断（冒险性偏移现象）。

理由4

"不管能获得多大的成果，首要任务是安全第一"，因为这种保守意识而做出高安全性判断（谨慎偏移现象）。

如何预防有偏颇性的集团思维

这是一种被称为"从众心理"的现象。说到从众心理的具体案例，可以参考一下游园会的彩色花车。在鼓乐齐鸣、载歌载舞的队伍临近时，原本冷眼旁观的人也会开始产生欢快的心理。

这就是从众心理的现象。会议进行的时候，参会人员采取大声喝彩、发言、鼓掌、举手等行为，就属于从众心理的现象。有时候需要让会议快速进入尾声的时候，也会利用到从众心理。

总而言之，从众心理产生后，会场很容易被渲染上或者同意、或者反对的气氛。在这种气氛的影响下，人们有可能未经充分讨论就在大家的激情中做出了决定。如果会议中出现了从众心理，可以稍事休息，等待大家收敛情绪，然后重新找回冷静客观的讨论氛围。

为了防止因此导致判断失衡，可以注意以下2个方面。

1　由个人做出最后的决定
2　为了更有效地解决问题，宁可选择团队意识较低的团队进行商讨

以坚定的信念面对困难

●通过自上而下和自下而上的革新方式推动事物发展

　　貌似很多领导者都拥有"个人意见必须得到贯彻执行"的管理风格。我们知道这样的管理者会令人敬而远之，鲜有威望。但实际上，有些少数派的小集团也以同样的方式对大多数人的意见产生着同样巨大的影响。

　　这个现象，叫作"霍兰德理论"。如提出地动学说的伽利略和发现了万有引力的牛顿，都曾属于少数派人士。

　　在事物进行革新的过程中，存在2种不同的影响过程，分别是"自上而下的革新"和"自下而上的革新"。其中，"自上而下的革新"被心理学家命名为"霍兰德理论"。领导对集团做出了巨大的贡献时，可以获得团队成员们巨大的信任和认可。当拥有了这样的背景，这种人物就可以被允许无视集团规范，采取独立的行为。

　　例如，某位董事长给公司创造了巨大的利润，当他想力排众议推行自己独断的计划时，这个仅代表少数派的见解很可能得到批准。

●强大的信念可以得到多数人的支持和共情

另外，"自下而上的革新"在心理学中被称为"莫斯科维奇的理论"，这是以心理学家莫斯科维奇（Serge Moscovici）来命名的。如果一贯以来都是少数人的见解占了上风，那么多数派的立场必将动摇，最终造成多数派必须重新研讨自身意见的结果。

因此，就算没有实权在握，如果坚信自身意见正确并坚持不懈地提出自己的意见，那么很可能迎来多数派内部的分崩离析。请相信，拥有强大信念的少数派意见，有着撼动多数派意见的巨大力量。

如果你拥有无论如何都不能让步的强烈信念，那就请带着自信和激情去阐述自己的见解吧！你的自信和激情必将获得大多数人的共情和支持。

这里介绍11个可以增进自我了解和对他人理解的心理测试。别紧张，听从自己的内心来进行测试吧！

附　　录

心理测试

心理测试　1

如果今晚做梦，想梦到什么情节呢？

① 在天上飞翔的小鸟

② 被漂亮的女性追求

③ 坐过山车

④ 观赏美丽的烟花

A 可以了解你现在的精神状态

解说

你选择的是哪一个呢？

其实，梦和精神状态之间有着密切的关系。我们可以通过了解你对梦境的想象，来分析你当下的精神状态。

①在空中飞翔的梦，意味着为了追逐远大的理想而展翅高飞。②被追求的梦，意味着正因什么不安的事情感到苦恼。③从高空落下的梦，意味着对失败有强烈的恐惧，可以说正感到一定程度的心理压力。④烟花的梦，表达了正对什么燃起了希望的状态。火意味着热情。

弗洛伊德是梦境分析领域的专家。如果有兴趣了解梦境与深层心理之间的关系，可以读一读他的书。

心理测试 2

在以下各个场景中，你可能会与对方保持多远的站立距离呢？请对应做出选择。

① 撒个小谎的时候

② 无论如何都有事邀请对方帮忙的时候

③ 想跟对方谈分手的时候

④ 要大加赞扬对方的时候

a.50厘米

b.60厘米

c.120厘米

d.170厘米

A   1d 2a 3c 4b

解说

通过对个人空间进行研究，我们了解到在不同的目的场景下，我们会与他人之间保持不同的距离。每个人的答案各不相同，上述答案仅供参考。

例如，在最亲密的人际关系情境下，我们跟对方会保持单臂可以接触到彼此的距离。在普通的私人交谈时，彼此之间通常保持能够正常握手的距离。而在形式上稍有疏远的关系下，通常会保持两人同时伸手也够不到对方的距离。

为了保持良好的人际关系，必须要对个人空间有正确的认识啊。

心理测试 3

参考以下动作，判断对方是否有"继续交谈的兴趣"。

① 直视你的脸，从椅子上站了起来

② 从你身边探出身，去拿远处的资料和文件

③ 就算你在，也没有改变站立的姿势

④ 看电话，把玩电话

⑤ 把桌面上的文件和杯子移动到自己身边

⑥ 电话想起的瞬间，表情发生变化，慌忙接听电话

⑦ 配合你的表情和动作

A   1、2、5、7，是表示对你感到欢迎的动作

解说

结果如何？如果全部答对了，说明你能充分观察对方的行动，并可以根据实际情况进行交谈。

如果选对的项目不足2个，说明你存在不顾对方的反应，有自说自话的倾向。练习一下倾听别人的发言吧！

撒谎的时候、感到无聊的时候，人都会不自觉地通过表情活动表现出真实的想法。

心理测试　4

问问你的熟人或朋友："你喜欢我吗？"
悄悄数一下对方在做出回答之前眨眼的次数。
如果不好意思提出这样的问题，可以换成其他难以立即作答
的问题。

A 眨眼的倾向，体现着对方的诚实度

解说

通过这个心理测试，可以了解对方是不是一个诚实的人。如果考虑答案的过程中几乎没有眨眼，之后眨眼次数有所增加的人，说明他诚实地回答了你的问题。这是因为在思考的过程中抑制了眨眼的次数，伴随着思考的结束，眨眼的次数又恢复了正常。

同样，人在紧张的时候，会出现眨眼次数增加的倾向。但是，在对方紧张的时候，我们不能一概而论地说眨眼次数多就证明他不诚实。所以在判断对方的诚实度之前，要先分辨出他是否处于紧张状态。

可以同时确认一下，交谈的时候对方是否与你有眼神的交流。

心理测试 5

你与另外一个人要进行工作的交流。当你进入会议室的时候，发现对方坐在4人席的桌旁。你会坐在哪里呢？

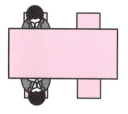

① 对方的正对面

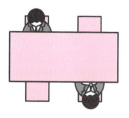

② 对方的斜对面

A 选择①的人积极，选择②的人内敛

解说

从这个心理测试中，可以了解你的性格倾向。

距离效应学的研究表明：选择①正对面座位的人，通常为外向型性格；选择②斜对面座位的人，通常为内向型性格。

心理学家荣格认为，外向型的人从外界获取心理能量，适合从事与人交流的工作，行动力强，开朗，有领导能力。而内向型的人，从内部获取心理能量，有蜷缩在自己的壳里的倾向。这样的人通常性格内敛，感情不外露，欠缺执行力。

关于座位的解说，可以参考前文的具体讲解。

心理测试　6

请从下列描述中选择符合自己情况的选项。

① 曾经为了获得帮助而去交了个朋友

② 为了获得信息，可以毫不胆怯地向人提问

③ 为了博取同情，曾经佯装受伤

④ 为了第二天休息，从前一天开始就告诉大家自己不舒服

⑤ 为了让自己称心如意，会想办法让对方"感到歉意"

A 符合的项目超过3个，则说明你是一个会算计的人

解说

这个测试，可以了解你是不是一个会算计的人。在美国心理学家巴斯（Buss，A.H.）等人的研究基础上，我编写了这5个选项，其内容均可称为"算计行为"，符合的项目越多，说明你越会为自己算计。

如果符合的项目超过3个，可以证明你言行的目的都是让自己获益。如果你有这样的倾向，可能会被周围的人敬而远之。还是适可而止吧！

你究竟是不是一个会算计的人，群众的眼睛可是雪亮的。

心理测试　7

如图，如果部下跟你说："按照指示去操作，可还是失败了。"
你会如何作答？请从下面选择最接近的一项。

① "对不起，我看看怎么回事儿"
② "这种事情，你自己解决吧"
③ "这不是常见的事儿嘛"

A 生气的时候，你会做何反应

解说

这个测试，是为了了解你在遭遇挫折的时候做何反应。

选①的人，是在有麻烦的时候马上道歉的人，是认为"原因在自己身上"的人。可以养成在确认客观事实的基础上，再判断是否问题真的在自己身上的习惯。

选②的人，会在出现问题的时候认为"自己没有错"，常有"别人不好""运气不好"的说辞。那些以为保护自己的言行，还是应该减少一些。

选择③的人，就算遇到了生气的事情，也会让原因模糊化，倾向于大事化小、小事化了。可是这种态度是无法处理严肃问题的，请务必留心。

遭遇挫折的时候，确认好客观事实才能心安。

心理测试　8

在动物园，可以给自己喜欢的动物喂食。你会选择给以下哪种动物喂食呢？

① 蛇

② 虎

③ 象

④ 猴

A 可以看出你理想的异性形象

解说

通过这个测试，可以看出你理想中的异性形象。

选择①蛇的人，说明你对神秘、稍有危险气息的异性感兴趣。选择②虎的人，说明你的理想型是踏实可靠（例如年长）的异性。选择③象的人，说明你的理想型是平凡平稳，可以一起生活的人。选择④猴的人，说明你喜欢能一直像朋友一样相处的异性。

 快来看看你的选择吧！

心理测试 9

问问你的女朋友："如果跟我从东京去大阪旅行，你觉得哪种交通工具比较好？"

① 汽车

② 普通火车

③ 动车

④ 飞机

A 可以了解从两人约会到同床共枕之间的距离

解说

通过这个测试，可以知道女朋友认为多久可以与你同床共枕……

选择①的女朋友，正处于想要更多地了解你的状态，请不要勉强行动。选择②的女朋友，觉得已经差不多了，但正在犹豫之中。选择③的女朋友，可以根据氛围试着邀请。选择④的女朋友，可能正在等待你的选择。一起到浪漫优雅的餐厅吃顿饭，然后邀请一下如何？

让自己的男朋友来做做这个测试也很有趣。

心理测试　10

刚吃完饭，肚子很饱。可是看到了你最喜欢的甜品，你会
怎么办呢?

① 一口不吃

② 少吃一点

③ 吃一半

④ 全都吃掉

A 了解异性的花心程度

解说

饱腹时看到了最喜欢的甜品，这个状态跟有固定男朋友、女朋友时被异性告白的状态很类似。

首先，不需要担心选择①的人。选择②的人，不会发展到出轨，但有可能与异性约会。选择③的人，根据实际情况有出轨的可能性。选择④的人，随时有出轨的可能。

食欲和性欲有所关联。如果有心仪的对象，可以让他回答一下这个问题。

心理测试 11

问问自己的恋人这个问题吧！"两个人去登山，终于抵达了山顶。想象中的景色是什么样子的呢？"

① 日出

② 雾气缭绕的景色

③ 矗立的群山

④ 整齐的街道

A 可以了解与恋人的性和谐度

解说

登上山顶的状态=品味登顶感觉的时刻。

通过这个测试，可以了解你与恋人在性生活的时候，对方在想什么。

选择①的人，认为对方是最好的，是理想的恋人。选择②的人，尚有不满足之处，不是已经厌倦了你，而是还有继续发展的空间。选择③的人，总是在进行中考虑对方的感觉，然后判断自己的行为。选择④的人，属于始终保持冷静的人。对性生活的态度比较淡漠，可以说目前没有追求新事物的想法。

建议你也可以做一下这个心理测试。要是两个人的答案一致，是多幸福的事情呀！

这是心理测试的
最后一页。

【作者介绍】

涉谷昌三

1946年出生于神奈川县。东京都立大学研究生院博士课程结业。心理学专业，文学博士。曾任山梨医科大学教授，现为目白大学教授。

开拓了以非语言交流为基础的"空间行为学"研究领域，根据人的行为和举止来开展探索深层心理的研究。同时，涉足自我发现心理学、人际关系心理学、商务心理学、恋爱心理学等广泛的领域。

主要著作有《读懂人心的心理学入门》《羞于开口的恋爱心理学入门》《信手拈来的心理学》等，至今为止的销售总量超过310万册。

日文版工作人员名单

封面设计：井上新八
插图、DTP：石山沙兰
编辑助理：星野友绘

Omoi No Mama Ni Hito Wo Ugokasu Shinrigaku Nyumon
© 2014 Shouzou Shibuya
All rights reserved. Originally published in Japan by KANKI PUBLISHING INC.,
Chinese (in Simplified characters only) translation rights arranged with
KANKI PUBLISHING INC., through Shanghai To-Asia Culture Communication Co., Ltd.

©2024，辽宁科学技术出版社。
著作权合同登记号：第 06-2023-169 号。

图书在版编目（CIP）数据

心理学入门：如何读懂人心 /（日）涉谷昌三著；张岚，
王春梅译 .—沈阳：辽宁科学技术出版社，2024.3
ISBN 978-7-5591-3287-1

Ⅰ.①心… Ⅱ.①涉… ②张… ③王… Ⅲ.①心理
学—通俗读物 Ⅳ.① B84-49

中国国家版本馆 CIP 数据核字（2024）第 005104 号

出版发行：辽宁科学技术出版社
　　　　　（地址：沈阳市和平区十一纬路25号　邮编：110003）
印 刷 者：辽宁新华印务有限公司
经 销 者：各地新华书店
幅面尺寸：145mm×210mm
印　　张：7
字　　数：150千字
出版时间：2024年3月第1版
印刷时间：2024年3月第1次印刷
责任编辑：康　倩
版式设计：袁　舒
封面设计：刘　彬
责任校对：韩欣桐

书　　号：ISBN 978-7-5591-3287-1
定　　价：45.00元

联系电话：024-23284367
邮购热线：024-23284502
邮　　箱：987642119@qq.com